电网企业
员工安全技术等级培训 系列教材

变电二次安装

国网浙江省电力公司　组编

中国电力出版社
CHINA ELECTRIC POWER PRESS

内 容 提 要

为提高电网企业生产岗位人员的安全技术水平，推进生产岗位人员安全技术等级培训、考核、认证工作，国网浙江省电力公司组织编写了《电网企业员工安全技术等级培训系列教材》。本系列教材共 20 分册，包括 1 个《公共安全知识》分册和 19 个专业分册。

本书是《变电二次安装》分册，内容包括基本安全要求、保证安全的组织措施和技术措施、作业安全风险辨识评估与控制、现场标准化作业、生产现场的安全设施、典型违章举例与事故案例分析、安全技术劳动保护措施和反事故措施、班组管理和作业安全监督八个部分。

本系列教材是电网企业员工安全技术等级培训的专用教材，也可作为生产岗位人员安全培训的辅助教材，宜采用《公共安全知识》分册加专业分册配套使用的形式开展学习培训。

图书在版编目（CIP）数据

变电二次安装 / 国网浙江省电力公司组编. —北京：中国电力出版社，2016.6（2024.6 重印）

电网企业员工安全技术等级培训系列教材

ISBN 978-7-5123-9279-3

Ⅰ. ①变… Ⅱ. ①国… Ⅲ. ①变电所—电气设备—设备安装—技术培训—教材 Ⅳ.①TM63

中国版本图书馆 CIP 数据核字（2016）第 092033 号

中国电力出版社出版、印刷、发行

（北京市东城区北京站西街 19 号 100006 http://www.cepp.sgcc.com.cn）

各地新华书店经售

*

2016 年 6 月第一版 2024 年 6 月北京第二次印刷

710 毫米×980 毫米 16 开本 9 印张 148 千字

印数 1001—1100 册 定价 42.00 元

编写委员会

本册编写人员

前　言

为贯彻"安全第一、预防为主、综合治理"的方针，落实《国家电网公司安全工作规定》对于教育培训的具体要求，进一步提高电网企业生产岗位人员的安全技术水平，推进生产岗位人员安全技术等级培训、考核、认证工作，夯实电网企业安全管理基础，国网浙江省电力公司在国家电网公司系统率先建立了与专业岗位任职资格相结合的员工安全技术等级培训认证体系。该体系确定了层次分明的五级安全技术等级认证标准，明确不同岗位所对应的安全等级和职业技术等级。

为了推进安全技术等级培训工作，国网浙江省电力公司组织编写了涵盖所有生产岗位人员的安全技术等级培训大纲和培训教材，并采用网络学习与脱产普训相结合的培训形式，有序开展各等级安全技术等级培训与鉴定工作。至 2015 年 6 月，历时 3 年完成全体生产岗位员工的第一轮安全技术等级培训认证。

根据国家电网公司不断提升安全生产工作的要求，以及新一轮员工安全技术等级资质复审培训工作的需要，国网浙江省电力公司组织近百位专家和培训师，在原有员工安全技术等级培训教材的基础上进行修订和完善，形成《电网企业员工安全技术等级培训系列教材》。本系列教材全套共计 20 册，包括《公共安全知识》分册和《变电检修》《电气试验》《变电运维》《输电线路》《输电线路带电作业》《继电保护》《电网调控》《自动化》《电力通信》《配电运检》《电力电缆》《配电带电作业》《电力营销》《变电一次安装》《变电二次安装》《线路架设》《水电厂水工》《水电厂机械检修》《水电厂自动化检修》19 个专业分册。

《公共安全知识》分册内容包含安全生产法规制度知识、安全管理知识、现场作业安全知识三个部分；各专业分册包括相应专业的基本安全要求、保证安全的组织措施和技术措施、作业安全风险辨识评估与控制、现场标准化作业、生产现场的安全设施、典型违章举例与事故案例分析、安全技术劳动保护措施和反事故措施、班组管理和作业安全监督八个部分。

本系列教材为电网企业员工安全技术等级培训专用教材，也可作为生产岗位人员安全培训辅助教材，宜采用《公共安全知识》分册加专业分册配套使用的形式开展学习培训。

鉴于编者水平有限，不足之处，敬请读者批评指正。

编者

2016 年 5 月

目　录

第一章　基本安全要求

第一节　一般安全要求

一、施工人员的基本条件

（1）身体健康，无妨碍工作的病症。体格检查至少两年一次。

（2）应经相应的安全生产教育和岗位技能培训、考试合格，掌握本岗位所需的安全生产知识、安全作业技能和紧急救护法。

（3）应接受《国家电网公司电力安全工作规程（电网建设部分）》（试行）（简称《安规》）培训，按工作性质掌握相应内容并经考试合格，每年至少考试一次。

（4）特种作业人员、特种设备作业人员应按照国家有关规定，取得相应资格，并按期复审，定期体检。

（5）进入现场的其他人员（供应商、实习人员等）应经过安全生产知识教育后，方可进入现场参加指定的工作，并且不得单独工作。

（6）涉及新技术、新工艺、新设备、新材料的项目人员，应进行专门的安全生产教育和培训。

（7）作业人员应被告知其作业现场和工作岗位存在的危险因素、防范措施及事故应急措施。

（8）作业人员应严格遵守现场安全作业规章制度和作业规程，服从管理，正确使用安全工器具和个人安全防护用品。

（9）发现安全隐患应妥善处理或向上级报告；发现直接危及人身、电网和设备安全的紧急情况时，应立即停止作业或在采取必要的应急措施后撤离危险区域。

二、施工现场安全的基本要求

1. 一般规定

（1）施工总平面布置应符合国家消防、环境保护、职业健康等有关规定。

（2）施工现场的排水设施应全面规划（含设计、施工要求）。

（3）进入施工现场的人员应正确佩戴安全帽，根据作业工种或场所需要选配个体防护装备。禁止施工作业人员穿拖鞋、凉鞋、高跟鞋，以及短裤、裙子等进入施工现场。禁止酒后进入施工现场。与施工无关的人员未经允许不得进入施工现场。

（4）施工现场敷设的力能管线不得随意切割或移动。如需切割或移动，应事先办理审批手续。

（5）施工现场应按规定配置和使用施工安全设施。设置的各种安全设施不得擅自拆、挪或移作他用。如确因施工需要，应征得该设施管理单位同意，并办理相关手续，采取相应的临时安全措施，事后应及时恢复。

（6）施工现场及周围的悬崖、陡坎、深坑、高压带电区等危险场所均应设可靠的防护设施及安全标志；坑、沟、孔洞等均应铺设符合安全要求的盖板或设可靠的围栏、挡板及安全标志。危险场所夜间应设警示灯。

（7）施工现场应编制应急现场处置方案，配备应急医疗用品和器材等，施工车辆宜配备医药箱，并定期检查其有效期限，及时更换补充。

2. 道路

（1）施工现场的道路应坚实、平坦，车道宽度和转弯半径应结合线路施工现场道路或变电站进站和站内道路设计，并兼顾施工和大件设备运输要求。线路施工便道应保持畅通、安全、可靠。

（2）现场道路不得任意挖掘或截断，确需开挖时，应事先征得现场负责人的同意并限期修复。开挖期间应采取铺设道板或架设便桥等保证安全通行的措施。

（3）现场道路跨越沟槽时应搭设牢固的便桥，经验收合格后方可使用。人行便桥的宽度不得小于 1m，手推车便桥的宽度不得小于 1.5m，汽车便桥的宽度不得小于 3.5m。便桥的两侧应设有可靠的栏杆，并设置安全警示标志。

（4）现场的机动车辆应限速行驶，行驶速度一般不得超过 15km/h；机动车在特殊地点、路段或遇到特殊情况时的行驶速度不得超过 5km/h；并应在显著位置设置限速标志。

（5）机动车辆行驶沿途应设交通指示标志，危险区段应设"危险"或"禁止通行"等安全标志，夜间应设警示灯。场地狭小、运输繁忙的地点应设临时交通指挥。

3. 临时建筑

（1）施工现场使用的办公用房、生活用房、围挡等临时建筑物的设计、安装、验收、使用与维护、拆除与回收按 JGJ/T 188《施工现场临时建筑物技术规范》的有关规定执行。

（2）临时建筑物工程竣工后应经验收合格方可使用。

（3）临时建筑物应根据当地气候条件，采取抵御风、雪、雨、雷电等自然灾害的措施，使用过程中应定期进行检查维护。

（4）施工用金属房。

1）金属房外壳（皮）应可靠接地。

2）电源箱应装设在房外，箱内应装配有电源断路器、剩余电流动作保护装置（漏电保护器）、熔断器，进房线孔应加防磨线措施。

3）房内配线应采用橡胶线且用瓷件固定。照明用灯采用防水瓷灯具。

4）房内需动力电源的，动力电与照明用电应分别装设熔断器和剩余电流动作保护装置（漏电保护器）。

5）房内配电设备前端地面应铺设绝缘橡胶板。

6）金属房的出入口门外应铺设绝缘橡胶板。

4. 材料、设备堆（存）放保管

（1）材料、设备应按施工总平面布置规定的地点进行定置化管理，并符合消防及搬运的要求。堆放场地应平坦、不积水，地基应坚实。应设置支垫，并做好防潮、防火措施。

（2）材料、设备放置在围栏或建筑物的墙壁附近时，应留有 0.5m 以上的间距。

（3）各类抱杆、钢丝绳、跨越架、脚手杆（管）、脚手板、紧固件等受力工器具以及防护用具等均应存放在干燥、通风处，并符合防腐、防火等要求。工程开工或间歇性复工前应进行检查，合格方可使用。

（4）易燃材料、废料的堆放场所与建筑物及动火作业区的距离应符合《安规》的有关规定。

（5）易燃、易爆及有毒、有害物品等应分别存放在与普通仓库隔离的危险品仓库内，危险品仓库的库门应向外开，按有关规定严格管理。汽油、酒精、油漆及稀释剂等挥发性易燃材料应密封存放，配消防器材，悬挂相应安全标志。

（6）器材堆放应遵守下列规定：

1）器材堆放整齐稳固。长、大件器材的堆放有防倾倒的措施。

2）器材距铁路轨道最小距离不得小于 2.5m。

3）钢筋混凝土电杆堆放的地面应平整、坚实，杆段下方应设支垫，两侧应掩牢，堆放高度不得超过 3 层。

4）钢管堆放的两侧应设立柱，堆放高度不宜超过 1m，层间可加垫。

5）袋装水泥堆放的地面应垫平，架空垫起不小于 0.3m，堆放高度不宜超过 10 包；临时露天堆放时，应用防雨篷布遮盖。

6）线盘放置的地面应平整、坚实，滚动方向前后均应掩牢。

7）绝缘子应包装完好，堆放高度不宜超过 2m。

8）材料箱、筒横卧不超过 3 层、立放不超过 2 层，层间应加垫，两边设立柱。

9）袋装材料堆高不超过 1.5m，堆放整齐、稳固。

10）圆木和毛竹堆放的两侧应设立柱，堆放高度不宜超过 2m，并有防止滚落的措施。

（7）电气设备的保管与堆放应符合下列要求：

1）瓷质材料拆箱后，应单层排列整齐，不得堆放，并采取防碰措施。

2）绝缘材料应存放在有防火、防潮措施的库房内。

3）电气设备应分类存放，放置应稳固、整齐，不得堆放。重心较高的电气设备在存放时应有防止倾倒的措施。有防潮标志的电气设备应做好防潮措施。

三、施工用电安全要求

1．一般规定

（1）施工用电方案应编入项目管理实施规划或编制专项方案，其布设要求应符合国家行业有关规定。

（2）施工用电设施应按批准的方案进行施工，竣工后应经验收合格方可投入使用。

（3）施工用电设施的安装、运行、维护，应由专业电工负责，并应建立安装、运行、维护、拆除作业记录台账。

（4）施工用电工程应定期检查，对安全隐患应及时处理，并履行复查验收手续。

（5）施工用电工程的 380V/220V 低压系统应采用三级配电、二级剩余电流动作保护系统（漏电保护系统），末端应装剩余电流动作保护装置（漏电保护器）；专用变压器中性点直接接地的低压系统宜采用 TN-S 接零保护系统。

2．变压器设备

（1）10kV/400kVA 及以下的变压器宜采用支柱上安装，支柱上变压器的底部距地面的高度不得小于 2.5m。组立后的支柱不应有倾斜、下沉及支柱基础积水等现象。

（2）35kV 及 10kV/400kVA 以上的变压器如采用地面平台安装，装设变压器的平台应高出地面 0.5m，其四周应装设高度不低于 1.7m 的围栏。围栏与变压器外廓的距离：10kV 及以下应不小于 1m，35kV 应不小于 1.2m，并应在围栏各侧的明显部位悬挂"止步、高压危险！"的安全标志。

（3）变压器中性点及外壳接地应接触良好，连接牢固可靠，工作接地电阻不得大于 4Ω。总容量为 100kVA 以下的系统，工作接地电阻不得大于 10Ω。在土壤电阻率大于 1000Ω·m 的地区，当达到上述接地电阻值有困难时，工作接地电阻不得大于 30Ω。

（4）变压器引线与电缆连接时，电缆及其终端头均不得与变压器外壳直接接触。

（5）采用箱式变电站供电时，其外壳应有可靠的保护接地，接地系统应符合产品技术要求，装有仪表和继电器的箱门应与壳体可靠连接。

（6）箱式变电站安装完毕或检修后投入运行前，应对其内部的电气设备进行检查，电气性能试验合格后方可投入运行。

3. 发电机组

（1）发电机组禁止设在基坑里。

（2）发电机组应配置可用于扑灭电气火灾的灭火器，禁止存放易燃、易爆物品。

（3）发电机组应采用电源中性点直接接地的三相五线制供电系统，即 TN-S 接零保护系统，其工作接地电阻值应符合《安规》的要求。

4. 配电及照明

（1）配电系统应设置总配电箱、分配电箱、末级配电箱，实行三级配电。配电箱应根据用电负荷状态装设短路、过载保护电器和剩余电流动作保护装置（漏电保护器），并定期检查和试验。

（2）高压配电装置应装设隔离开关，隔离开关分断时应有明显断开点。

（3）低压配电箱的电器安装板上应分设 N 线端子板和 PE 线端子板。N 线端子板应与金属电器安装板绝缘；PE 线端子板应与金属电器安装板做电气连接。进出线中的 N 线应通过 N 线端子板连接；PE 线应通过 PE 线端子板连接。

（4）配电箱设置地点应平整，不得被水淹或土埋，并应防止碰撞和被物体打击。配电箱内及附近不得堆放杂物。

（5）配电箱应坚固，金属外壳接地或接零良好，其结构应具备防火、防雨的功能，箱内的配线应采取相色配线且绝缘良好，导线进出配电柜或配电箱的线段应采取固定措施，导线端头制作规范，连接应牢固。操作部位不得有带电体裸露。

（6）支架上装设的配电箱，应安装牢固并便于操作和维修；引下线应穿管敷设并做防水弯。

（7）低压架空线路不得采用裸线，导线截面积不得小于 16mm²，架设高度不得低于 2.5m；交通要道及车辆通行处，架设高度不得低于 5m。

（8）电缆线路应采用埋地或架空敷设，禁止沿地面明设，并应避免机械损伤和介质腐蚀。

（9）现场直埋电缆的走向应按施工总平面布置图的规定，沿主道路或固定建筑物等的边缘直线埋设，埋深不得小于 0.7m，并应在电缆紧邻四周均匀敷设不小于 50mm 厚的细砂，然后覆盖砖或混凝土板等硬质保护层；转弯处和大于等于 50m 直线段处，在地面上设明显的标志；通过道路时应采用保护套管。

（10）电缆接头处应有防水和防触电的措施。

（11）低压电力电缆中应包含全部工作芯线和用作工作零线、保护零线的芯线。需要三相四线制配电的电缆线路应采用五芯电缆。五芯电缆应包含淡蓝、绿/黄两种颜色绝缘芯线。淡蓝色芯线用作工作零线（N 线）；绿/黄双色芯线用作保护零线（PE 线），禁止混用。

（12）用电线路及电气设备的绝缘应良好，布线应整齐，设备的裸露带电部分应加防护措施。架空线路的路径应合理选择，避开易撞、易碰以及易腐蚀场所。

（13）用电设备的电源引线长度不得大于 5m，长度大于 5m 时，应设移动开关箱。移动开关箱至固定式配电箱之间的引线长度不得大于 40m，且只能用绝缘护套软电缆。

（14）电气设备不得超铭牌使用，隔离型电源总开关禁止带负荷拉闸。

（15）断路器和熔断器的容量应满足被保护设备的要求。闸刀开关应有保护罩。禁止用其他金属丝代替熔丝。

（16）熔丝熔断后，应查明原因，排除故障后方可更换。更换熔丝后应装好保护罩方可送电。

（17）多路电源配电箱宜采用密封式；断路器及熔断器应上口接电源，下口接负荷，禁止倒接；负荷应标明名称，单相开关应标明电压。

（18）不同电压等级的插座与插销应选用相应的结构，禁止用单相三孔插座代替三相插座。单相插座应标明电压等级。

（19）禁止将电源线直接钩挂在闸刀上或直接插入插座内使用。

（20）电动机械或电动工具应做到一机一闸一保护。移动式电动机械应使用绝缘护套软电缆。

（21）照明线路敷设应采用绝缘槽板、穿管或固定在绝缘子上，不得接近热源或直接绑挂在金属构件上；穿墙时应套绝缘套管，管、槽内的电源线不得有接头，并经常检查、维修。

（22）照明灯具的悬挂高度不应低于 2.5m，并不得任意挪动，低于 2.5m 时应设保护罩。照明灯具开关应控制相线。

（23）在光线不足的作业场所及夜间作业的场所均应有足够的照明。

（24）在有爆炸危险的场所及危险品仓库内，应采用防爆型电气设备，断路器应装在室外。在散发大量蒸汽、气体或粉尘的场所，应采用密闭型电气设备。在坑井、沟道、沉箱内及独立高层建筑物上，应备有独立的照明电源，并符合安全电压要求。

（25）照明装置采用金属支架时，支架应稳固，并采取接地或接零保护。

（26）行灯的电压不得超过 36V，潮湿场所、金属容器或管道内的行灯电压不得超过 12V。行灯应有保护罩，行灯电源线应使用绝缘护套软电缆。

（27）行灯照明变压器应使用双绕组型安全隔离变压器，禁止使用自耦变压器。

（28）电动机械及照明设备拆除后，不得留有可能带电的部分。

（29）高压配电设备、线路和低压配电线路停电检修时，应装设临时接地线，并应悬挂"禁止合闸、有人工作！"或"禁止合闸、线路有人工作！"的安全标志牌。

5. 接零及接地保护

（1）施工用电电源采用中性点直接接地的专用变压器供电时，其低压配电系统的接地型式宜采用 TN-S 接零保护系统。采用 TN-S 系统做保护接零时，工作零线（N 线）应通过剩余电流动作保护装置（漏电保护器），保护零线（PE线)应由电源进线零线重复接地处或剩余电流动作保护装置电源侧零线处引出，即不通过剩余电流动作保护装置。保护零线（PE 线）上禁止装设断路器或熔断器，并且采取防止断线的措施。

（2）当施工现场利用原有供电系统的电气设备时，应根据原系统要求做保护接零或保护接地。同一供电系统不得一部分设备做保护接零，另一部分设备做保护接地。

（3）保护零线（PE 线）应采用绝缘多股软铜绞线。电动机械与保护零线的连接线截面积一般不得小于相线截面积的 1/3 且不得小于 2.5mm²；移动式或手提式电动机具与保护零线的连接线截面积一般不得小于相线截面积的 1/3 且不得小于 1.5mm²。

（4）电源线、保护接零线、保护接地线应采用焊接、压接、螺栓连接或其他可靠方法连接。

（5）保护零线应在配电系统的始端、中间和末端处做重复接地。

（6）对地电压在 127V 及以上的下列电气设备及设施，均应装设接地或接零保护：

1）发电机、电动机、电焊机及变压器的金属外壳。

2）断路器及其传动装置的金属底座或外壳。

3）电流互感器的二次绕组。

4）配电盘、控制盘的外壳。

5）配电装置的金属构架、带电设备周围的金属围栏。

6）高压绝缘子及套管的金属底座。

7）电缆接头盒的外壳及电缆的金属外皮。

8）吊车的轨道及焊工等的工作平台。

9）架空线路的杆塔（木杆除外）。

10）室内外配线的金属管道。

11）金属制的集装箱式办公室、休息室及工具、材料间、卫生间等。

（7）禁止利用易燃、易爆气体或液体管道作为接地装置的自然接地体。

（8）接地装置的敷设应符合 GB 50194《建设工程施工现场供用电安全规范》的规定，并应符合下列基本要求：

1）人工接地体的顶面埋设深度不宜小于 0.6m。

2）人工垂直接地体宜采用热浸镀锌圆钢、角钢、钢管，长度宜为 2.5m。人工水平接地体宜采用热浸镀锌的扁钢或圆钢。圆钢直径不应小于 12mm；扁钢、角钢等型钢的截面积不应小于 90mm²，其厚度不应小于 3mm；钢管壁厚不应小于 2mm。人工接地体不得采用螺纹钢。

6. 用电及用电设备

（1）用电单位应建立施工用电安全岗位责任制，明确各级用电安全责任人。

（2）用电安全负责人及施工作业人员应严格执行施工用电安全施工技术措

施，熟悉施工现场配电系统。

（3）配电室和现场的配电柜或总配电箱、分配电箱应配锁具。

（4）电气设备明显部位应设"禁止靠近　以防触电"的安全标志牌。

（5）施工用电设施应定期检查并记录。对用电设施的绝缘电阻及接地电阻应进行定期检测并记录。

（6）施工现场用电设备等应有专人进行维护和管理。

（7）每台用电设备应有各自专用的断路器，禁止用同一个断路器直接控制两台及以上用电设备（含插座）。

（8）末级配电箱中剩余电流动作保护装置的额定动作电流不应大于 30mA，额定漏电动作时间不应大于 0.1s。使用于潮湿或有腐蚀介质场所的剩余电流动作保护装置应采用防溅型产品，其额定动作电流不应大于 15mA，额定动作时间不应大于 0.1s。总配电箱中剩余电流动作保护装置的额定漏电动作电流应大于 30mA，额定漏电动作时间应大于 0.1s，但其额定漏电动作电流与额定漏电动作时间的乘积不应大于 30mA·s。

（9）当分配电箱直接供电给末级配电箱时，可采用分配电箱设置插座方式供电，并应采用工业用插座，且每个插座应有各自独立的保护电器。

（10）动力配电箱与照明配电箱宜分别设置。当合并设置为同一配电箱时，动力和照明应分路配电；动力末级配电箱与照明末级配电箱应分设。

（11）对配电箱、末级配电箱进行维修、检查时，应将其相应的电源断开并隔离，并悬挂"禁止合闸　有人工作！"安全标志牌。

（12）配电箱送电、停电应按照下列顺序进行操作：

1）送电操作顺序：总配电箱→分配电箱→末级配电箱。

2）停电操作顺序：末级配电箱→分配电箱→总配电箱。但在配电系统故障的紧急情况下可以除外。

（13）在对地电压 250V 以下的低压配电系统上不停电作业时，应遵守下列规定：

1）被拆除或接入的线路，不得带任何负荷。

2）相间及相对地应有足够的距离，避免施工作业人员及操作工具同时触及不同相导体。

3）有可靠的绝缘措施。

4）设专人监护。

5）剩余电流动作保护装置应投入。

四、消防

1. 一般规定

（1）施工现场、仓库及重要机械设备、配电箱旁，生活和办公区等应配置相应的消防器材。需要动火的施工作业前，应增设相应类型及数量的消防器材。在林区、牧区施工，应遵守当地的防火规定。

（2）在防火重点部位或易燃、易爆区周围动用明火或进行可能产生火花的作业时，应办理动火工作票，经有关部门批准后，采取相应措施并增设相应类型及数量的消防器材后方可进行。

（3）消防设施应有防雨、防冻措施，并定期进行检查、试验，确保有效；砂桶（箱、袋）、斧、锹、钩子等消防器材应放置在明显、易取处，不得任意移动或遮盖，禁止挪作他用。

（4）作业现场禁止吸烟。

（5）禁止在办公室、工具房、休息室、宿舍等房屋内存放易燃、易爆物品。

（6）挥发性易燃材料不得装在敞口容器内或存放在普通仓库内。装过挥发性油剂及其他易燃物质的容器，应及时退库，并存放在距建筑物不小于 25m 的单独隔离场所；装过挥发性油剂及其他易燃物质的容器未与运行设备彻底隔离及采取清洗置换等措施，禁止用电焊或火焊进行焊接或切割。

（7）储存易燃、易爆液体或气体仓库的保管人员，应穿着棉、麻等不易产生静电的材料制成的服装入库。

（8）运输易燃、易爆等危险物品，应按当地公安部门的有关规定申请，经批准后方可进行。

（9）采用易燃材料包装或设备本身应防火的设备箱，禁止用火焊切割的方法开箱。

（10）电气设备附近应配备适用于扑灭电气火灾的消防器材。发生电气火灾时应首先切断电源。

（11）烘燥间或烘箱的使用及管理应有专人负责。

（12）熬制沥青或调制冷底子油应在建筑物的下风方向进行，距易燃物不得小于 10m，不应在室内进行。

（13）进行沥青或冷底子油作业时应通风良好，作业时及施工完毕后的 24h 内，其作业区周围 30m 内禁止明火。

（14）冬季采用火炉暖棚法施工，应制订相应的防火和防止一氧化碳中毒措施，并设有不少于两人的值班人员。

2. 临时建筑及仓库防火

（1）临时建筑及仓库的设计，应符合 GB 50016《建筑设计防火规范》的规定。

（2）仓库应根据储存物品的性质采用相应耐火等级的材料建成。值班室与库房之间应有防火隔离措施。

（3）临时建筑物内的火炉烟囱通过墙和屋面时，其四周应用防火材料隔离。烟囱伸出屋面的高度不得小于 500mm。禁止用汽油或煤油引火。

（4）氧气、乙炔气、汽油等危险品仓库，应采取避雷及防静电接地设施，屋面应采用轻型结构，门、窗不得向内开启。保持通风良好。

（5）各类建筑物与易燃材料堆场的防火间距应符合《安规》有关规定。

（6）临时建筑不宜建在电力线下方。如必须在 110kV 及以下电力线下方建造时，应经线路运维单位同意。屋顶采用耐火材料。临时库房与电力线导线之间的垂直距离，在导线最大计算弧垂情况下符合《安规》的规定。

第二节 常用工器具的安全使用

一、一般规定

常用工器具的使用应遵守以下安全规定：

（1）机具应由了解其性能并熟悉操作知识的人员操作。各种机具都应由专人进行维护、保管，并应挂安全操作牌。修复后的机具应经试验鉴定合格方可使用。

（2）机具外露的转动部分应装设保护罩。转动部分应保持润滑。

（3）机具的电压表、电流表、压力表、温度计等监测仪表及制动器、限制器、安全阀等安全装置应齐全、完好。

（4）机具应按其出厂说明书和铭牌的规定使用。使用前应进行检查，不得使用已变形、破损、有故障等不合格的机具。

（5）电动机具应接地良好。

（6）电动机具在运行中不得进行检修或调整；检修、调整或中断使用时，应将其电源断开。不得将机具、附件放在机器或设备上。不得站在移动式梯子上或其他不稳定的地方使用电动机具。

二、砂轮机和砂轮锯

砂轮机、砂轮锯的使用应遵守以下安全规定：

（1）砂轮机、砂轮锯的旋转方向不得正对其他机器、设备和人。

（2）严禁使用有缺损或裂纹的砂轮片。砂轮片有效半径磨损到原半径的1/3时，应更换。

（3）安装砂轮机的砂轮片时，砂轮片两侧应加柔软垫片，严禁重击螺帽。

（4）安装砂轮锯的砂轮片时，商标纸不宜撕掉，砂轮片轴孔比轴径大0.15mm为宜，夹板不应夹得过紧。

（5）砂轮机或砂轮锯应装设坚固的防护罩，无防护罩严禁使用。

（6）砂轮机或砂轮锯达到额定转速后，才能切削或切割工件。

（7）砂轮机安全罩的防护玻璃应完整。

（8）砂轮机应装设托架。托架与砂轮片的间隙应经常调整，最大不得超过2mm；托架的高度应调整到使工件的打磨处与砂轮片中心处在同一平面上。

（9）使用砂轮机时应站在侧面并戴防护眼镜；不得两人同时使用一个砂轮片进行打磨；不得在砂轮机的砂轮片侧面进行打磨；不得用砂轮机打磨软金属、非金属。

（10）使用砂轮锯时，工件应牢固夹入工件夹内。工件应垂直砂轮片轴向，不得用力过猛或撞击工件。不应使用砂轮锯打磨任何金属及非金属。

三、钻床

钻床的使用应遵守以下安全规定：

（1）操作人员应穿工作服、扎紧袖口，工作时不得戴手套，头发、发辫应盘入帽内。

（2）严禁手拿有冷却液的棉纱冷却转动的工件或钻头。

（3）严禁直接用手清除钻屑或接触转动部分。

（4）钻床切削量应适度，不得用力过猛。工件将要钻透时，应适当减少切削量。

（5）钻具、工件均应固定牢固。薄件和小工件施钻时，不得直接用手扶持。

（6）大工件施钻时，除用夹具或压板固定外，还应加设支撑。

（7）台钻不应放在地面上工作，应做适当高度工作台（架），台钻与工作台（架）应固定牢固，台架下加以配重方能进行工作。

四、电动工器具

（1）电动工器具安全使用的一般规定。电动工器具的单相电源线应选用带有PE线芯的三芯软橡胶电缆，三相电源线应选用带有PE线芯的五芯软橡胶电缆；接线时，电缆线护套应穿进设备的接线盒内并予以固定。

（2）电动工器具使用前应进行下列检查：

1）外壳、手柄无裂缝、无破损；

2）保护接地线或接零线连接正确、牢固；

3）电缆或软线完好；

4）插头完好；

5）开关动作正常、灵活、无缺损；

6）电气保护装置完好；

7）机械保护装置完好；

8）转动部分灵活；

9）是否有检测标识。

（3）电动工器具的绝缘电阻应定期用 500V 的绝缘电阻表进行测量，如带电部件与外壳之间的绝缘电阻值达不到 2MΩ，应进行维修处理。绝缘电阻的测量数据应符合表 1-1 的规定。

表 1-1　　　　　　　各类电动工器具绝缘电阻的测量数据

测量部位	绝缘电阻（MΩ）		
	Ⅰ类工具	Ⅱ类工具	Ⅲ类工具
带电零件与外壳之间	2	7	1

（4）电动工器具的电气部分经维修后，应进行绝缘电阻测量及绝缘耐压试验。绝缘耐压试验的时间应维持为 1min，试验电压的测量数据按表 1-2 的要求进行。

表 1-2　　　　　　　各类电动工器具绝缘耐压试验的测量数据

试验电压的施加部位		试验电压（V）		
		Ⅰ类工具	Ⅱ类工具	Ⅲ类工具
带电零件与外壳之间	仅由基本绝缘与带电零件间隔	1250	—	500
	由加强绝缘与带电零件隔离	3750	3750	—

注　波形为实际正弦波、频率 50Hz 的试验电压施加 1min，不出现绝缘击穿或闪络。

（5）连接电动工器具的电气回路应单独设断路器或插座，并装设剩余电流动作保护装置（漏电保护器），金属外壳应接地；1 台剩余电流动作保护装置（漏电保护器）不得控制两台及以上电动工器具。

（6）使用电动扳手时，应将反力矩支点靠牢并确实扣好螺帽后方可开动。

（7）电动工器具的操作开关应置于操作人员伸手可及的部位。当休息、下班或作业中突然停电时，应切断电源侧开关。

（8）使用可携式或移动式电动工器具时，应戴绝缘手套或站在绝缘垫上；移动电动工器具时，不得提着电线或电动工器具的转动部分。

（9）在一般作业场所（包括金属构架上），应使用Ⅱ类电动工器具（带绝缘外壳的工具）。在潮湿或含有酸类的场地上以及在金属容器内应使用 24V 及以下电动工器具，否则应使用带绝缘外壳的电动工器具，并装设额定动作电流不大于 10mA 的一般型（无延时）剩余电流动作保护装置，且应设专人不间断地监护。剩余电流动作保护器装置、电源连接器和控制箱等应放在容器外面。电动工器具的开关应设在监护人伸手可及的地方。

（10）磁力吸盘电钻的磁盘平面应平整、干净、无锈，进行侧钻或仰钻时，应采取防止失电后钻体坠落的措施。

五、弯排机和弯管机

1. 弯排机的使用应遵守以下安全规定：

（1）弯排机在接好电源的同时接好接地装置。

（2）检查泵站的液压油是否达到油位，换向阀置于中位，启动后必须空载运转 2～3min 再开始压接运行。

（3）作业时，压模闭合后，换向阀应迅速换到卸压位，以免损坏油缸部件，油缸最大压力不得超过 35MPa。

（4）油缸活塞退回到油缸内的压力不得超过 5MPa。

（5）铁排弯曲应选用合适的压模，严禁弯曲铁排以外的材料。

（6）工作结束应把活塞退回到油缸内，换向阀手柄置中位。

（7）弯排机严禁在露天日晒雨淋，在露天作业应作好防护。

2. 弯管机的使用应遵守以下安全规定：

（1）弯管机在接好电源的同时接好接地装置。

（2）在使用前根据所需要求调好行程开关。

（3）启动电源后，先让弯管机进行空载运转，待转动正常后方可带负荷工作。

（4）开机运行中，严禁用手脚接触其转动部分。

（5）机器长时间运行，必须定期检查各部件的螺栓、螺帽是否紧固，电源线接线是否松动、脱落。

（6）根据管子直径先选择合适的插孔位置，严禁超范围使用。

（7）工作结束，关闭电源，收好电源线，并注意日常保养，保持设备外观整洁。

六、液压工器具

（1）液压工器具使用前应检查下列各部件：

1）油泵和液压机具应配套；

2）各部部件应齐全；

3）液压油位足够；

4）加油通气塞应旋松；

5）转换手柄应放在零位；

6）机身应可靠接地；

7）施压前应将压钳的端盖拧满扣，防止施压时端盖蹦出。

（2）夏季使用电动液压工器具时应防止曝晒，其液压油油温不得超过65℃。冬季如遇油管冻塞时，严禁用火烤解冻。

（3）安装部件时，不得按动手柄的开关。

七、其他工器具

喷灯的使用应遵守以下安全规定：

（1）喷灯使用前发现漏气、漏油者，禁止使用。禁止放在火炉上加热。加油不可太满，充气气压不应过高。

（2）燃着后禁止倒放，禁止加油。在易燃物附近，禁止使用喷灯。作业场所应空气流通。

（3）在带电区附近使用喷灯时，火焰与带电部分的距离应满足表1-3的要求。

表 1-3　　　　　　　　喷灯火焰与带电部分的最小允许距离

电压（kV）	<1	1～10	>10
最小允许距离（m）	1	1.5	3

（4）液化气喷灯在室内使用时，应保持良好的通风，以防中毒。

（5）使用完毕应及时放气，并开关一次油门，以避免油门堵塞。

第三节　施工作业的基本安全要求

一、运输

1. 站内运输

（1）运输超高、超宽、超长或质量大的物件时，应遵守下列规定：

1）对运输道路进行详细勘查；

2）对运输道路上方的障碍物及带电体等进行测量，其安全距离应满足有关规定；

3）制定运输方案和安全技术措施，经总工程师批准后执行；

4）专人检查工具和运具，不得超载；

5）物件的重心与车厢的承重中心基本一致；

6）运输超长物体需设置超长架，运输超高物件应采取防倾倒的措施，运输易滚动物件应有防滚动的措施；

7）运输途中有专人领车、监护，并设必要的标志；

8）中途夜间停运时，设红灯示警，并设专人看守；

9）用拖车装运大型设备时，应进行稳定性计算，并采取防止剧烈冲击或振动的措施。

（2）叉车运输应遵守下列规定：

1）叉车应按规定的性能使用，使用前应对行驶、升降、倾斜等机构进行检查，叉车运输中不得载人；

2）叉车不得快速启动、急转弯或突然制动，在转弯、拐角、斜坡及弯曲道路上应低速行驶，倒车时，不得用紧急制动；

3）叉车工作结束后，应关闭所有控制器，切断动力源，扳下制动闸，将货叉放至最低位置并取出钥匙或拉出联锁后方可离开。

（3）现场专用机动车辆的使用应遵守下列规定：

1）应有专人驾驶及保养，驾驶人员应经考试合格并取得驾驶许可证；

2）使用前应检查制动器、喇叭、方向机构等是否完好；

3）装运物件应垫稳、捆牢，不得超载；

4）行驶时，驾驶室外及车厢外不得载人，启动前应先鸣号，车速不得超过15km/h，停车后应切断动力源，扳下制动闸后驾驶员方可离开。

2. 装卸及搬运

（1）沿斜面搬运时，应搭设牢固可靠的跳板，其坡度不得大于1：3，跳板的厚度不得小于50mm。跳板上宜装防滑条。

（2）在坡道上搬运时，物件应用绳索拴牢，并做好防止倾倒的措施，施工人员应站在侧面，下坡时应用绳索溜住。

（3）车（船）装卸用平台应牢固、宽敞，荷重后平台应均匀受力，并考虑车、船承载卸载时弹簧回落、弹起及船体下沉和上浮所造成的高差。

（4）自卸车的制翻装置应可靠，卸车时，车斗不得朝有人的方向倾倒。

（5）使用两台不同速度的牵引机械卸车（船）时，应采取使设备受力均匀、拉牵速度一致的可靠措施。牵引的着力点应在设备的重心以下。

（6）拖运滑车组的地锚应经计算，使用中应经常检查。严禁在不牢固的建筑物或运行的设备上绑扎滑车组。打桩绑扎拖运滑车组时，应了解地下设施情况。

（7）添放滚杠的人员应蹲在侧面，在滚杠端部进行调整。

（8）在拖拉钢丝绳导向滑轮内侧的危险区内严禁有人通过或停留。

二、交叉作业

（1）作业前，应明确交叉作业各方的施工范围及安全注意事项；垂直交叉作业，层间应搭设严密、牢固的防护隔离设施，或采取防高处落物、防坠落等防护措施。

（2）交叉作业时，作业现场应设置专责监护人，上层物件未固定前，下层应暂停作业。工具、材料、边角余料等不得上下抛掷。不得在吊物下方接料或停留。

（3）交叉作业场所的通道应保持畅通；有危险的出入口处应设围栏并悬挂安全标志。

（4）交叉作业场所应保持充足光线。

三、电气设备安装

1. 蓄电池组安装

（1）蓄电池存放地点应清洁、通风、干燥，搬运电池时不得触动极柱和安全阀。

（2）蓄电池开箱时，撬棍不得利用蓄电池作为支点，防止损毁蓄电池。

（3）蓄电池室应在设备安装前完善照明、通风和取暖设施。蓄电池安装过程及完成后室内禁止烟火。

（4）安装或搬运电池时应戴绝缘手套、围裙和护目镜，若酸液泄漏溅落到人体上，应立即用苏打水和清水冲洗。

（5）紧固电极连接件时所用的工具要带有绝缘手柄，应避免蓄电池组短路。

（6）安装免维护蓄电池组应符合产品技术文件的要求，不得人为随意开启安全阀。

（7）安装镉镍碱性蓄电池组应遵守下列规定：

1）配制和存放电解液应用耐碱器具，并将碱慢慢倒入蒸馏水或去离子水中，并用干净耐碱棒搅动，严禁将水倒入电解液中；

2）装有催化栓的蓄电池初充电前应将催化栓旋下，等初充电全过程结束后重新装上；

3）带有电解液并配有专用防漏运输螺塞的蓄电池，初充电前应取下运输螺塞换上有孔气塞，并检查液面，液面不应低于下液面线。

（8）铅酸蓄电池组安装应按照产品技术文件的规定执行。

2. 盘、柜安装

（1）应在土建条件满足要求时，方可进行盘、柜安装。

（2）盘、柜在安装地点拆箱后，应立即将箱板等杂物清理干净，以免阻塞通道或钉子扎脚，并将盘、柜搬运至安装地点摆放或安装，防止受潮、雨淋。

（3）盘、柜就位要防止倾倒伤人和损坏设备，撬动就位时人力应足够，指挥应统一；狭窄处应防止挤伤。

（4）盘、柜底加垫时不得将手伸入底部，应防止安装时挤轧手脚。

（5）盘、柜在安装固定好以前，应有防止倾倒的措施，特别是重心偏在一侧的盘柜。对变送器等稳定性差的设备，安装就位后应立即将全部安装螺栓紧好，禁止浮放。

（6）在墙上安装操作箱及其他较重的设备时，应做好临时支撑，固定好后方可拆除该支撑。

（7）盘、柜内的各式熔断器，凡直立布置者应上口接电源，下口接负荷。

（8）施工区周围的孔洞应采取措施可靠的遮盖，防止人员摔伤。

（9）高压开关柜、低压配电屏、保护盘、控制盘及各式操作箱等需要部分带电时，应符合下列规定：

1）需要带电的系统，其所有设备的接线确已安装调试完毕，并应设立临时运行设备名称及编号标志；

2）带电系统与非带电系统应有明显可靠的隔断措施，并应设带电安全标志；

3）部分带电的装置应遵守运行的有关管理规定，并设专人管理。

3. 电缆安装

（1）电缆敷设。

1）在开挖邻近地下管线的电缆沟时，应取得业主提供的有关地下管线等的资料，按设计要求制定开挖方案，并报监理和业主确认。

2）电缆敷设前，电缆沟及电缆夹层内应清理干净，并应有足够的照明。

3）线盘架设应选用与线盘相匹配的放线架，且架设平稳。放线人员应站在线盘的侧后方。当放到线盘上的最后几圈时，应采取措施防止电缆突然蹦出。

4）电缆敷设时，盘边缘距地面不得小于 100mm，电缆盘转动力度要均匀、速度要缓慢平稳。

5）电缆敷设应由专人指挥、统一行动，并有明确的联系信号，不得在无指挥信号时随意拉引，以防人员肢体受伤。

6）机械敷设电缆时，在牵引端宜制作电缆拉线头，保持匀速牵引，应遵守有关操作规程，加强巡视，有可靠的联络信号。电缆敷设时应特别注意多台机械运行中的衔接配合与拐弯处的情况。

7）电缆敷设时，不得在电缆或桥、支架上攀吊或行走。

8）电缆通过孔洞、管子或楼板时，两侧应设专人监护。入口侧应防止电缆被卡或手被带入孔内，出口侧的人员不得在正面接引。

9）在高处、临边敷设电缆时，应有防坠落措施。直接站在梯式电缆架上作业时，应核实其强度。强度不够时，应采取加固措施。不应攀登组合式电缆架、吊架和电缆。

10）电缆敷设时，拐弯处的作业人员应站在电缆外侧。

11）电缆敷设时，临时打开的孔洞应设围栏或安全标志，完工后立即封闭。

12）进入带电区域内敷设电缆时，应取得运维单位同意，办理工作票，设专人监护，采取安全措施，保持安全距离，防止误碰运行设备，不得踩踏运行电缆。

13）电缆穿入带电的盘柜前，电缆端头应做绝缘包扎处理，电缆穿入时盘上应有专人接引，严防电缆触及带电部位及运行设备。

14）运行屏内进行电缆施工时，应设专人监护，做好带电部分遮挡，核对完电缆芯线后应及时包扎好芯线金属部分，防止误碰带电部分，并及时清理现场。

15）电缆敷设经过的建筑隔墙、楼板、电缆竖井，以及屏、柜、箱下部电缆孔洞间均应封堵，其中楼板、电缆竖井封堵支架和隔板的设计及施工应能承受工作人员荷载。

（2）热缩电缆头动火制作。

1）热缩电缆头制作需动火时应开具动火工作票，落实动火安全责任和措施。

2）作业场所 5m 内应无易燃、易爆物品，通风良好。

3）火焰枪气管和接头应密封良好。

4）做完电缆头后应及时熄灭火焰枪（喷灯），并清除杂物。

4. 其他电气设备安装

（1）凡新装的电气设备或与之连接的机械设备，一经带电或试运后，如需在该设备或系统上进行工作时，安全措施应严格按《电建安规》电气设备全部或部分停电作业的相关规定执行。

（2）所有转动机械的电气回路应经操作试验，确认控制、保护、测量、信号回路无误后方可启动。转动机械在初次启动时就地应有紧急停车设施。

（3）干燥电气设备或元件，均应控制其温度。干燥场地不得有易燃物，并配备消防设施。

（4）在 10kV 及以上电压的变电站（配电室）中进行扩建时，已就位的设备及母线应接地或屏蔽接地。

（5）在运行的变电站及高压配电室搬动梯子、线材等长物时，应放倒搬运，并应与带电部分保持安全距离。

（6）在带电设备周围不得使用钢卷尺、皮卷尺和线尺（夹有金属丝者）进行测量工作，应用木尺或其他绝缘量具。

（7）拆除电气设备及电气设施时，应符合下列要求：

1）确认被拆的设备或设施不带电，并做好相应的安全措施；

2）不得破坏原有安全设施的完整性；

3）防止因结构受力变化而发生破坏或倾倒；

4）拆除旧电缆时应从一端开始，严禁在中间切断或任意拖拉。

四、改、扩建工程现场作业

1. 运行区域常规作业

（1）在运行的变电站及高压配电室搬动梯子、线材等长物时，应放倒两人搬运，并应与带电部分保持安全距离。在运行的变电站手持非绝缘物件时不应超过本人的头顶，设备区内禁止撑伞。

（2）在带电设备周围，禁止使用钢卷尺、皮卷尺和线尺（夹有金属丝者）进行测量作业，应使用相关绝缘量具或仪器进行测量。

（3）在带电设备区域内或邻近带电母线处，禁止使用金属梯子。

（4）施工现场应随时固定或清除可能漂浮的物体。

（5）在变电站（配电室）中进行扩建时，已就位的新设备及母线应及时完善接地装置连接。

2. 运行区域设备及设施拆除作业

（1）确认被拆的设备或设施不带电，并做好安全措施。

（2）不得破坏原有安全设施的完整性。

（3）防止因结构受力变化而发生破坏或倾倒。

（4）拆除旧电缆时应从一端开始，不得在中间切断或任意拖拉。

（5）拆除有张力的软导线时应缓慢施放。

（6）弃置的动力电缆头、控制电缆头，除有短路接地外，应一律视为有电。

3. 运行区域室内作业

（1）拆装盘、柜等设备时，作业人员应动作轻慢，防止振动，与运行盘、柜相连固定时，不应敲打盘、柜。

（2）在室内动用电焊、气焊等明火时，除按规定办理动火工作票外，还应制定完善的防火措施，设置专人监护，配备足够的消防器材，所用的隔板应是防火阻燃材料。

（3）运行或运行部分带电盘、柜内作业。

1）应了解盘内带电系统的情况，并进行相应的运行区域和作业区域标识。

2）安装盘上设备时应穿工作服、戴工作帽、穿绝缘鞋或站在绝缘垫上，使用绝缘工具，整个过程应有专人监护。

3）二次接线时，应先接新安装盘、柜侧的电缆，后接运行盘、柜侧的电缆，在运行盘、柜内作业时接线人员应避免触碰正在运行的电气元件。

4）在已运行或已装仪表的盘上补充开孔前应编制专项施工措施，开孔时应防止铁屑散落到其他设备及端子上。对邻近由于振动可引起误动的保护应申请临时退出运行。

5）进行盘、柜上小母线施工时，作业人员应做好相邻盘、柜上小母线的防护作业，新装盘的小母线在与运行盘上的小母线接通前，应有隔离措施。

6）二次接线及调试时所用的交直流电源，应接在经设备运维单位批准的指定接线位置，作业人员不得随意接取。

7）电烙铁使用完毕后不得随意乱放，以免烫伤运行的电缆或设备。

（4）运行盘、柜内与运行部分相关回路搭接作业。

1）与运行部分相关回路电缆接线的退出及搭接作业应编制专项安全施工方案，并通过设备运维单位会审确认。

2）与运行部分相关回路电缆接线的退出及搭接作业的安全技术交底内容应落实到每个接线端子上。

3）拆盘、柜内二次电缆时，作业人员应确定所拆电缆确实已退出运行，应用验电笔或表计测量确认后方可作业。拆除的电缆端头应采取绝缘防护措施。

4）剪断电缆前，应与电缆走向图纸核对相符，并确认电缆两头接线脱离无电后方可作业。

第二章　保证安全的组织措施和技术措施

第一节 保证作业现场安全的组织措施

保证作业现场安全的组织措施包括：作业风险识别、评估、预警；安全施工作业票（简称作业票）；作业开工；作业监护；作业间断、转移、终结。

一、作业风险识别、评估、预警

（1）作业票签发人或作业负责人在作业前应组织开展作业风险动态评估，确定作业风险等级。

（2）作业前，应通过改善人、机、料、法、环等要素，降低施工作业风险。作业中，采取组织、技术、安全和防护等措施控制风险。

（3）当作业风险因素发生变化时，应重新进行风险动态评估。

（4）风险动态评估中，对固有或动态评估风险等级为三级及以上的作业，应组织作业现场勘察，并填写现场勘察记录，现场勘察应满足下列要求：

1）现场勘察应由作业票签发人或作业负责人组织，安全、技术等相关人员参加。

2）现场勘察应察看施工作业现场周边有无影响作业的建筑物、地下管线、邻近设备、交叉跨越及地形、地质、气象等现场条件，以及其他影响作业的风险因素，并提出安全措施和注意事项。

3）现场勘察后，现场勘察记录应送交作业票签发人、作业负责人及相关各方，作为填写、签发作业票等的依据。

4）作业票签发人或作业负责人在作业前应重新核对现场勘察情况，发现与原勘察情况有变化时，应及时修正、完善相应的安全措施。

（5）4级及以上风险作业项目应发布风险预警。

（6）近电作业安全管控作业人员或机械器具与带电设备的最小距离小于表2-1 中的控制值，施工项目部应进行现场勘察，编写安全施工方案，并将安全施工方案提交运维单位备案。

表 2-1　　　作业人员或机械器具与带电设备距离风险控制值

电压等级（kV）	控制值（m）	电压等级（kV）	控制值（m）
≤10	4.0	1000	17.0
20～35	5.5	±50 及以下	6.5
66～110	6.5	±400	11.0
220	8.0	±500	13.0
330	9.0	±660	15.5
500	11.0	±800	17.0
750	14.5		

注1　塔吊、混凝土泵车、挖掘机等施工机械作业，应考虑施工机械回转半径对安全距离的影响。
注2　变电站内邻近带电线路（含站外线路）的施工机械作业，也应注意识别施工机械回转半径引起的安全风险。

二、作业票

1. 选用

施工作业前，2 级及以下风险的施工作业填写输变电工程安全施工作业票A（简称作业票 A），3 级及以上风险的施工作业填写输变电工程安全施工作业票 B（简称作业票 B）。

2. 填写与使用

（1）作业票由作业负责人填写，安全、技术人员审核，作业票 A 由施工队长签发，作业票 B 由施工项目经理签发。一张作业票中，作业负责人、签发人不得为同一人。

（2）作业票采用手工方式填写时，应用黑色或蓝色的钢笔或水笔填写和签发。作业票上的时间、工作地点、主要内容、主要风险等关键字不得涂改。

（3）用计算机生成或打印的作业票应使用统一的票面格式，由作业票签发人审核，手工或电子签发后方可执行。

（4）作业票签发后，作业负责人应按照作业票要求，提前做好作业前的准备工作。

（5）一个作业负责人同一时间只能使用一张作业票。

（6）一张作业票可用于不同地点、同一类型、依次进行的施工作业。

（7）若作业人员较多，可指定专责监护人，并单独进行安全交底。

（8）已签发或批准的作业票应由作业负责人收执，签发人宜留存备份。

（9）作业票有破损不能继续使用时，应补填新的作业票，并重新履行签发手续。

（10）作业按规定需要同时使用工作票时，工作票应经签发、许可，与作业票同时使用。

3. 变更

（1）施工周期超过一个月或一项施工作业工序已完成、重新开始同一类型其他地点的作业，应重新审查安全措施和交底。

（2）需要变更作业成员时，应经作业负责人同意，在对新的作业人员进行安全交底并履行确认签字手续后，方可进行工作。

（3）作业负责人若因故暂时离开工作现场时，应指定能胜任的人员临时代替，离开前应将工作交待清楚，并告知作业班成员。原工作负责人返回工作现场时，也应履行同样的交接手续。

（4）作业负责人允许变更一次，并经签发人同意；变更后，原、现作业负责人应对工作任务和安全措施进行交接，并告知全部作业人员。

（5）变更作业负责人或增加作业任务，若作业票签发人无法当面办理，应通过电话联系，并在作业票备注栏内注明需要变更作业负责人姓名和时间。

（6）作业现场风险等级等条件发生变化，应完善措施，重新办理作业票。

4. 有关人员条件

（1）作业票签发人是负责该项作业的安全责任人，由施工队长或项目经理担任，名单经其单位考核、批准并公布。

（2）作业票审核人应由熟悉人员技术水平、现场作业环境和流程、设备情况及《安规》，并具有相关工作经验的工程安全技术人员担任，名单经其单位考核、批准并公布。

（3）作业负责人应由有专业工作经验、熟悉现场作业环境和流程、工作范围的人员担任，名单经施工项目部考核、批准并公布。

（4）专责监护人应由具有相关专业工作经验，熟悉现场作业情况和《安规》的人员担任。

（5）专业分包单位的作业票签发人、作业票审核人、作业负责人的名单经分包单位批准公布后报承包单位备案。

5. 有关人员责任

（1）作业票签发人。

1）确认施工作业的安全性。

2）确认作业风险识别准确性。

3）确认作业票所列安全措施正确完备。

4）确认所派作业负责人和作业人员适当、充足。

（2）作业票审核人。

1）审核作业风险识别准确性。

2）审核作业安全措施及危险点控制措施是否正确、完备。

3）审核施工作业的方法和步骤是否正确、完备。

4）督促并协助施工负责人进行安全技术交底。

（3）作业负责人（监护人）。

1）正确组织施工作业。

2）检查作业票所列安全措施是否正确完备，是否符合现场实际条件，必要时予以补充完善。

3）施工作业前，对全体作业人员进行安全交底及危险点告知，交待安全措施和技术措施，并确认签字。

4）组织执行作业票所列由其负责的安全措施。

5）监督作业人员遵守《安规》、正确使用劳动防护用品和安全工器具以及执行现场安全措施。

6）关注作业人员身体状况和精神状态是否出现异常迹象，人员变动是否合适。

（4）专责监护人。

1）明确被监护人员和监护范围。

2）作业前，对被监护人员交待监护范围内的安全措施、告知危险点和安全注意事项。

3）检查作业场所的安全文明施工状况，督促问题整改，监督被监护人员遵守《安规》和执行现场安全措施，及时纠正被监护人员的不安全行为。

（5）作业人员。

1）熟悉作业范围、内容及流程，参加作业前的安全交底，掌握并落实安全措施，明确作业中的危险点，并在作业票上签字。

2）服从作业负责人、专责监护人的指挥，严格遵守《安规》和劳动纪律，在指定的作业范围内工作，对自己在工作中的行为负责，互相关心工作安全。

3）正确使用施工机具、安全工器具和劳动防护用品，并在使用前进行外观完好性检查。

（6）监理。

1）参与安全动态风险识别，审查风险控制措施的有效性。

2）负责作业过程中的巡视、监督。

3）及时纠正作业人员存在的不安全行为。

（7）业主项目部经理。

1）审查4级及以上风险控制措施的有效性，并进行全过程监督。

2）必要时协调解决现场存在的安全风险和隐患。

三、作业开工

（1）作业票签发后，作业负责人应向全体作业人员交待作业任务、作业分工、安全措施和注意事项，告知风险因素，并履行签名确认手续后，方可下达开始作业的命令；作业负责人、专责监护人应始终在工作现场。其中作业票B由监理人员现场确认安全措施，并履行签名许可手续。

（2）多日作业，作业负责人应坚持每天检查、确认安全措施，告知作业人员安全注意事项，方可开工。

四、作业监护

（1）作业负责人在作业过程中监督作业人员遵守《安规》和执行现场安全措施，及时纠正不安全行为。

（2）应根据现场安全条件、施工范围和作业需要，增设专责监护人，并明确其监护内容。

（3）专责监护人不得兼做其他工作，临时离开时，应通知作业人员停止作业或离开作业现场。专责监护人需长时间离开作业现场时，应由作业负责人变更专责监护人，履行变更手续，告知全体被监护人员。

五、作业间断、转移、终结

（1）遇雷、雨、大风等情况威胁到人员、设备安全时，作业负责人或专责监护人应下令停止作业。

（2）每天收工或作业间断，作业人员离开作业地点前，应做好安全防护措施，必要时派人看守，防止人、畜接近挖好的基坑等危险场所，恢复作业前应检查确认安全保护措施完好。

（3）使用同一张作业票依次在不同作业地点转移作业时，应重新识别评估风险，完善安全措施，重新交底。

（4）作业完成后，应清扫整理作业现场，作业负责人应检查作业地点状况，落实现场安全防护措施，并向作业票签发人汇报。

（5）作业票应保存至工程项目竣工。

第二节　改、扩建工程中的组织措施和技术措施

一、一般规定

1. 基本要求

（1）变电站改、扩建工程中应严格执行 Q/GDW 1799.1—2013《国家电网公司电力安全工作规程　变电部分》的相关规定，在运行区内作业应办理工作票。

（2）开工前，施工单位应编制施工区域与运行部分的物理和电气隔离方案，并经设备运维单位会审确认。

（3）施工电源采用临时施工电源的按《安规》规定执行，当使用站内检修电源时，应经设备运维单位批准后在指定的动力箱内引出，不得随意变动。

2. 运行区域设备不停电时的安全距离

无论高压设备是否带电，作业人员不得单独移开或越过遮栏进行作业；若有必要移开遮栏时，应有监护人在场，并符合表 2-2 规定的安全距离。

表 2-2　　　　　　　　　　　设备不停电时的安全距离

电压等级（kV）	安全距离（m）	电压等级（kV）	安全距离（m）
10 及以下（13.8）	0.70	1000	8.70
20.35	1.00	±50 及以下	1.50
66、110	1.50	±400	5.90
220	3.00	±500	6.00
330	4.00	±660	8.40
500	5.00	±800	9.30
750	7.20		

注 1　±400kV 数据是按海拔 3000m 校正的，海拔 4000m 时安全距离为 6.00m。
注 2　750kV 数据是按海拔 2000m 校正的，其他等级数据按海拔 1000m 校正。
注 3　表中未列电压等级按高一档电压等级的安全距离执行。

3. 工作票

（1）工作票负责人和工作票签发人应经过设备运维单位或由设备运维单位确认的其他单位培训合格，并报设备运维单位备案。

（2）下列情况应填用变电站第一种工作票：

1）需要高压设备全部停电、部分停电或做安全措施的工作。

2）在高压设备继电保护、安全自动装置和仪表、自动化监控系统等及其二次回路上工作，需将高压设备停电或做安全措施者。

3）通信系统同继电保护、安全自动装置等复用通道（包括载波、微波、光纤通道等）的检修、联动试验需将高压设备停电或做安全措施者。

4）在经继电保护出口跳闸的相关回路上工作，需将高压设备停电或做安全措施者。

（3）下列情况应填用变电站第二种工作票：

1）在高压设备区域工作，不需要将高压设备停电者或做安全措施的工作。

2）继电保护装置、安全自动装置、自动化监控系统在运行中改变装置原有定值时不影响一次设备正常运行的工作。

3）对于连接电流互感器或电压互感器二次绕组并装在屏柜上的继电保护、安全自动装置上的工作，可以不停用所保护的高压设备或不需做安全措施。

4）在继电保护、安全自动装置、自动化监控系统等及其二次回路，以及在通信复用通道设备上检修及试验工作，可以不停用高压设备或不需做安全措施。

（4）工作票由设备运维单位签发，也可由设备运维单位和施工单位签发人实行双签发，具体签发程序按照安全协议要求执行。

4. 运行区域运输作业安全距离

进入改、扩建工程运行区域的交通通道应设置安全标志，站内运输其安全距离应满足表 2-3 的规定。

表 2-3　　　车辆（包括装载物）外廓至无围栏带电部分之间的安全距离

交流电压等级（kV）	安全距离（m）	直流电压等级（kV）	安全距离（m）
10 及以下	0.95	±50 及以下	1.65
20	1.05	±400	5.45
35	1.15	±500	5.60
66	1.40	±660	8.00
110	1.65（1.75）	±800	9.00
220	2.55		

交流电压等级（kV）	安全距离（m）	直流电压等级（kV）	安全距离（m）
330	3.25		
500	4.55		
750	6.70		
1000	8.25		

注 1　括号内数字为 110kV 中性点不接地系统所使用。

注 2　±400kV 数据按海拔 3000m 校正，海拔 4000m 时安全距离为 5.55m，海拔 1000m 时安全距离为 5.00m；750kV 数据按海拔 2000m 校正，其他电压等级数据按海拔 1000m 校正。

注 3　表中未列电压等级按高一挡电压等级的安全距离执行。

注 4　表中数据不适用带升降操作功能的机械运输。

二、电气设备全部或部分停电作业安全技术措施

1. 断开电源

（1）需停电进行作业的电气设备，应把各方面的电源完全断开，其中：

1）在断开电源的基础上，应拉开隔离开关，使各方面至少有一个明显的断开点。若无法观察到停电设备的断开点，应有能够反映设备运行状态的电气和机械等指示。

2）与停电设备有电气联系的变压器和电压互感器，应将设备各侧断开，防止向停电设备倒送电。

（2）检修设备和可能来电侧的断路器、隔离开关应断开控制电源和合闸能源，隔离开关操作把手应锁住，确保不会误送电。

（3）对难以做到与电源完全断开的检修设备，可以拆除设备与电源之间的电气连接。

2. 验电及接地

（1）在停电的设备或母线上作业前，应经检验确无电压后方可装设接地线，装好接地线后方可进行作业。

（2）验电与接地应由两人进行，其中一人应为监护人。进行高压验电应戴绝缘手套、穿绝缘鞋。验电器的伸缩式绝缘棒长度应拉足，验电时手应握在手柄处，不得超过护环。

（3）验电时，应使用相应电压等级且检验合格的接触式验电器。验电前进行验电器自检，且应在确知的同一电压等级带电体上试验，确认验电器良好后方可使用。验电应在装设接地线或合接地刀闸处对各相分别进行。

（4）表示设备断开和允许进入间隔的信号及电压表的指示等，均不得作为设备有无电压的根据，应验电。如果指示有电，禁止在该设备上作业。

（5）对停电设备验明确无电压后，应立即将设备接地并三相短路。凡可能送电至停电设备的各部位均应装设接地线或合上专用接地开关。在停电母线上作业时，应将接地线尽量装在靠近电源进线处的母线上，必要时可装设两组接地线，并做好登记。接地线应明显，并与带电设备保持安全距离。

（6）电缆及电容器接地前应逐相充分放电，星形接线电容器的中性点应接地，串联电容器及与整组电容器脱离的电容器应逐个多次放电，装在绝缘支架上的电容器外壳也应放电。

（7）成套接地线应由有透明护套的多股软铜线和专用线夹组成，截面积应满足装设地点短路电流的要求，但不得小于 $25mm^2$。

（8）禁止使用不符合规定的导线做接地线或短路线，接地线应使用专用的线夹固定在导体上，禁止用缠绕的方法进行接地或短路。装拆接地线应使用绝缘棒，戴绝缘手套。挂接地线时应先接接地端，再接设备端，拆接地线时顺序相反。

（9）作业人员不应擅自移动或拆除接地线。装、拆接地线导体端均应使用绝缘棒和戴绝缘手套，人体不得碰触接地线或未接地的导线。带接地线拆设备接头时，应采取防止接地线脱落的措施。

（10）对需要拆除全部或一部分接地线后才能进行的作业，应征得运维人员的许可，作业完毕后立即恢复。未拆除期间不得进行相关的高压回路作业。

3. 悬挂标志牌和装设围栏

（1）在一经合闸即可送电到作业地点的断路器和隔离开关的操作把手、二次设备上均应悬挂"禁止合闸，有人工作!"的安全标志牌。

（2）在室内高压设备上或某一间隔内作业时，在作业地点两旁及对面的间隔上均应设围栏并悬挂"止步，高压危险!"的安全标志牌。

（3）在室外高压设备上作业时，应在作业地点的四周设围栏，其出入口要围至邻近道路旁边，并设有"从此进出!"的安全标志牌，作业地点四周围栏上悬挂适当数量的"止步，高压危险!"的安全标志牌，标志牌应朝向围栏里面。若室外的大部分设备停电，只有个别地点保留有带电设备，其他设备无触及带电导体的可能时，可以在带电设备四周装设全封闭围栏，围栏上悬挂适当数量的"止步，高压危险!"的安全标志牌，标志牌应朝向围栏外面。

（4）在作业地点悬挂"在此工作!"的安全标志牌。

（5）在室外构架上作业时，应设专人监护，在作业人员上下的梯子上，应悬挂"从此上下！"的安全标志牌。在邻近可能误登的构架上应悬挂"禁止攀登，高压危险!"的安全标志牌。

（6）设置的围栏应醒目、牢固。禁止任意移动或拆除围栏、接地线、安全标志牌及其他安全防护设施。因作业原因需短时移动或拆除围栏或安全标志牌时，应征得工作许可人同意，并在作业负责人的监护下进行。完毕后应立即恢复。

（7）安全标志牌、围栏等防护设施的设置应正确、及时，作业完毕后应及时拆除。

4. 工作结束

（1）全部工作结束后，应清扫、整理现场。工作负责人应先周密检查，待全部作业人员撤离工作地点后，再向运维人员交待工作情况，并与运维人员共同检查现场确认符合规定，办理工作票终结手续。

（2）接地线一经拆除，设备即应视为有电，禁止再去接触或进行作业。

（3）禁止采用预约停送电时间的方式在设备或母线上进行任何作业。

第三章　作业安全风险辨识评估与控制

第一节　概　　述

本节依据国家电网公司发布的《安全风险管理工作基本规范（试行）》和《生产作业风险管控工作规范（试行）》，阐述作业项目安全风险控制的职责与分工、计划编制、作业组织、现场实施、检查与改进等要求，以对作业安全风险实施超前分析和流程化控制，形成"流程规范、措施明确、责任落实、可控在控"的安全风险管控机制。

一、风险管控流程

作业项目安全风险管控流程包括风险辨识、风险评估、风险预警、风险控制、检查与改进等环节。

1. 风险辨识

风险辨识是指辨识风险的存在并确定其特性的过程。风险辨识包括静态风险辨识、动态风险辨识和作业项目风险辨识。

（1）静态风险辨识。静态风险辨识是依据国家电网公司发布的《供电企业安全风险评估规范》（简称《评估规范》）等事先拟好的检查清单对现场风险因素进行辨识并制定风险控制措施，为风险评估、风险控制提供基础数据。主要开展三个方面的工作：设备、环境的风险辨识，人员素质及管理的风险辨识，风险数据库的建立与应用。

1）设备、环境的风险辨识：是依据《评估规范》第1、2章，有计划、有目的地开展设备、环境、工器具、劳动防护以及物料等静态风险的辨识，找出存在的危险因素。

2）人员素质及管理的风险辨识：是依据《评估规范》第3、5章，可进行自查，也可由专家组或专业第三方机构对人员素质和安全生产综合管理开展周期性的辨识，查找影响安全的危险因素。

3）风险数据库的建立与应用：采用信息化手段，建立风险数据库，对风险辨识结果实行动态维护，保证数据真实、完整，便于实际应用。

（2）动态风险辨识。动态风险辨识是对照作业安全风险辨识范本对作业过程中的风险因素进行辨识，并制定风险控制措施。

（3）作业项目风险辨识。作业安全风险辨识范本参照国家电网公司发布的《供电企业作业风险辨识防范手册》编制，是以标准化作业流程为依据，指导作业人员辨识作业过程中的风险，并明确其典型控制措施的参考规范。

作业项目风险辨识一般采用三维辨识法对整个项目所包含的风险因素进行辨识，并制定风险控制措施。三维辨识法是指对照作业安全风险辨识范本辨识作业过程中的动态风险、查看作业安全风险库辨识作业过程中的静态风险、现场勘察确认的一种风险辨识方法。

作业安全风险库是由作业安全风险事件组成，风险事件由对现场各类风险进行辨识、评估所得。

2. 风险评估

风险评估是指对事故发生的可能性和后果进行分析与评估，并给出风险等级的过程。

静态风险评估一般采用 LEC 法，动态风险评估一般采用 PR 法。风险等级分为一般、较大、重大三级。

作业项目风险评估依据企业制定的作业项目风险评估标准进行评估，风险等级一般分为 1～8 级。

（1）LEC 法。LEC 法是根据风险发生的可能性、暴露在生产环境下的频度、导致后果的严重性，针对静态风险所采取的一种风险评估方法，即 $D=LEC$，式中 D 为风险值。

L 为发生事故的可能性大小。当用概率来表示事故发生的可能性大小时，绝对不可能发生的事故概率为 0；而必然发生的事故概率为 1。然而，从系统安全角度考察，绝对不发生事故是不可能的，所以人为地将发生事故的可能性极小的分数定为 0.1，而必然发生的事故分数定为 10，各种情况的分数如表 3-1 所示。

表 3-1　　　　　　　　事故发生的可能性（L）

事故发生的可能性（发生的概率）	分数值
完全可能预料（100%可能）	10

事故发生的可能性（发生的概率）	分数值
相当可能（50%可能）	6
可能，但不经常（25%可能）	3
可能性小，完全意外（10%可能）	1
很不可能，可以设想（1%可能）	0.5
极不可能（小于1%可能）	0.1

E 为暴露于危险的频繁程度。人员出现在危险环境中的时间越多，则危险性越大。将连续出现在危险环境的情况定为 10，非常罕见地出现在危险环境中定为 0.5，介于两者之间的各种情况规定若干个中间值，如表 3-2 所示。

表 3-2　　　　　暴露于危险环境频度（E）

暴露频度	分数值
持续（每天多次）	10
频繁（每天一次）	6
有时（每天一次～每月一次）	3
较少（每月一次～每年一次）	2
很少（50 年一遇）	1
特少（100 年一遇）	0.5

C 为发生事故的严重性。事故所造成的人身伤害或电网损失的变化范围很大，所以规定分数值为 1～100，将仅需要救护的伤害及设备或电网异常运行的分数定为 1，将造成重大及以上人身、设备、电网事故的分数定为 100，其他情况的数值定为 1～100 之间，如表 3-3 所示。

表 3-3　　　　　发生事故的严重性（C）

分数值	后果	
	人身	电网设备
100	可能造成特大人身死亡事故者	可能造成特大设备事故者；可能引起特大电网事故者
40	可能造成重大人身死亡事故者	可能造成重大设备事故者；可能引起重大电网事故者
15	可能造成一般人身死亡事故或多人重伤者	可能造成一般设备事故者；可能引起一般电网事故者
7	可能造成人员重伤事故或多人轻伤事故者	可能造成设备一类障碍者；可能造成电网一类障碍者
3	可能造成人员轻伤事故者	可能造成设备二类障碍者；可能造成电网二类障碍者
1	仅需要救护的伤害	可能造成设备或电网异常运行

风险值 D 计算出后，关键是如何确定风险级别的界限值，而这个界限值并不是长期固定不变。在不同时期，企业应根据其具体情况来确定风险级别的界限值。表 3-4 可作为确定风险程度的风险值界限的参考标准。

表 3-4　　　　　　　　　　风险程度与风险值的对应关系

风险程度	风险值
重大风险	$D \geqslant 160$
较大风险	$70 \leqslant D < 160$
一般风险	$D < 70$

（2）PR 法。PR 法是根据风险发生的可能性、导致后果的严重性，针对动态风险所采取的一种风险评估方法。

P 值代表事故发生的可能性（possible），即在风险已经存在的前提下，发生事故的可能性。按照事故的发生率将 P 值分为四个等级，如表 3-5 所示。

表 3-5　　　　　　　　　　可能性定性定量评估标准表（P）

级别	可能性	含义
4	几乎肯定发生	事故非常可能发生，发生概率在 50% 以上
3	很可能发生	事故很可能发生，发生概率在 10%～50%
2	可能发生	事故可能发生，发生概率在 1%～10%
1	发生可能性很小	事故仅在例外情况下发生，发生概率在 1% 以下

R 值代表后果严重性（result），即此风险导致事故发生之后，对人身、电网或设备造成的危害程度。根据《国家电网公司安全事故调查规程》的分类，将 R 值分为特大、重大、一般、轻微四个级别，如表 3-6 所示。

表 3-6　　　　　　　　　　严重性定性定量评估标准表（R）

级别	后果	严重性	
		人身	电网设备
4	特大	可能造成重大及以上人身死亡事故者	可能造成重大及以上设备事故者；可能引起重大及以上电网事故者
3	重大	可能造成一般人身死亡事故或多人重伤者	可能造成一般设备事故者；可能引起一般电网事故者
2	一般	可能造成人员重伤事故或多人轻伤事故者	可能造成设备一、二类障碍者；可能造成电网一、二类障碍者
1	轻微	仅需要救护的伤害	可能造成设备或电网异常运行

将表 3-5 和表 3-6 中的可能性和严重性结合起来，就得到用重大、较大、一般表示的风险水平描述，如图 3-1 所示。

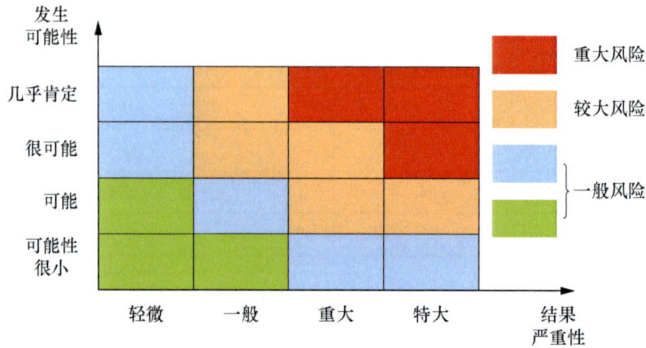

图 3-1　PR 法风险水平描述坐标图

（3）作业项目风险评估。作业项目风险评估指针对某一类作业项目，综合考虑其技术难度、对电网的影响程度、发生事故的可能性和后果等因素，在对项目风险进行风险辨识后，依据作业项目风险评估标准划定作业项目的整体风险等级。

3. 风险预警

风险预警是指对可能发生人身伤害事故和由人员责任导致的电网和设备事故的作业安全风险实行安全预警。

风险预警实行分类、分级管理，形成以单位、专业室（中心）、班组为主体的风险预警管理体系。

较大及以上等级的检修、倒闸操作作业项目风险应形成作业风险预警通知单，经过审核、批准后，由项目主管职能部门发布。

专业室（中心）接到风险预警后，细化预控措施，并布置落实。同时，专业室（中心）负责将落实情况反馈至主管职能部门。

4. 风险控制

风险控制是指采取预防或控制措施将风险降低到可接受的程度。

静态风险采用消除、隔离、防护、减弱等控制方法。动态风险利用作业安全风险控制措施卡、标准化作业指导书、工作票、操作票等安全组织、技术措施及安全措施进行现场风险控制。

作业安全风险控制措施卡是将辨识出的风险进行评估整理后，与工作票（或操作票）、标准化作业指导书配合使用的控制作业现场风险的载体。

5. 检查与改进

风险管控实施动态闭环过程管理，实现作业风险管控的持续改进。

二、职责与分工

按照管理职责和工作特点，不同管理层次负责控制不同程度和类型的安全风险，逐级落实安全责任。

1. 省公司级单位

省公司分管副总经理全面部署作业项目安全风险控制工作，定期检查、指导风险控制工作开展。

安监部是作业项目安全风险管控归口管理部门，牵头制定作业项目安全风险辨识评估与控制管理制度；监督、指导开展作业项目安全风险控制工作。

相关部门按照"谁主管、谁负责"的原则，负责指导专业范围内的变电运行、变电检修、输电检修、配电检修和电网调度专业的作业安全风险辨识评估与控制相关工作；协调安全风险控制现场出现的安全、技术问题。

2. 地市公司级单位

地市公司分管领导批准重大风险作业项目的风险评估结果，落实解决资金来源，及时协调风险控制过程中出现的问题。

安监部是作业项目安全风险管控归口管理部门，制定作业项目安全风险辨识评估与控制管理制度；监督、指导作业项目安全风险辨识评估与控制工作；审核较大及以上作业项目的风险评估结果；监督风险预警控制措施落实。

调控中心分析电网运行方式和系统稳定，明确电网运行方式存在的风险和电网风险控制措施等内容；监督、指导运维检修、营销和相关部门落实电网风险预控措施。

运维检修部门组织召开检修计划协调会，审查计划必要性、可行性和合理性；策划、落实检修、倒闸操作作业项目安全风险辨识评估与控制工作，审核较大及以上作业项目的风险评估结果；监督检查电网风险和检修、倒闸操作作业风险控制措施落实情况；协调现场风险控制过程中出现的问题。

基建部门审核较大及以上风险相关专业作业项目的风险评估结果，协调风险控制过程中出现的问题。

营销部门（客户服务中心）落实电网风险相关控制措施，协调风险控制过程中出现的问题，并将控制措施落实情况反馈给调控中心。

专业室（中心）开展作业项目安全风险辨识评估工作，审核一般及以上风险作业项目的风险评估结果；开展班组安全承载能力分析，组织实施作业项目安全风险控制，重点控制现场人身伤害、设备损坏、电网故障等风险，并反馈控制措施落实情况；负责年度、季度、月度、周检修计划的编制，检修任务的安排，现场勘察的组织，风险预警措施的落实。

3. 县公司级单位

县公司分管领导组织落实作业项目安全风险评估与控制工作，及时协调风险控制过程中出现的问题。

相关责任部门监督、指导作业项目安全风险辨识评估与控制工作；组织开展作业项目安全风险辨识评估工作，审核一般及以上风险作业项目的风险评估结果；监督风险预警控制措施落实。

专业室（中心）开展作业项目安全风险辨识评估工作；开展班组安全承载能力分析，组织实施作业项目安全风险控制，重点控制现场人身伤害、设备损坏、电网故障等风险，并反馈控制措施落实情况；负责年度、季度、月度、周检修计划的编制，检修任务的安排，现场勘察的组织，风险预警措施的落实。

4. 班组及相关人员

生产班组负责生产作业风险控制的执行，做好人员安排、任务分配、资源配置、安全交底、工作组织等风险管控。

工作票签发人、工作负责人、工作许可人、值班运维负责人、操作监护人等是生产作业风险管控现场安全和技术措施的把关人，负责风险管控措施的落实和监督。

作业人员是生产作业风险控制措施的现场执行人，应明确现场作业风险点，熟悉和掌握风险管控措施，避免人身伤害和人员责任事故的发生。

到岗到位人员负责监督检查方案、预案、措施的落实和执行，协调和指导生产作业风险管理的改进和提升。

三、作业组织与实施风险管控

地市公司级单位作业风险管控流程如图3-2所示。

1. 作业组织控制措施与要求

作业组织主要风险包括任务安排不合理、人员安排不合适、组织协调不力、资源配置不符合要求、方案措施不全面、安全教育不充分等。

风险管控的主要措施与要求：

（1）任务安排要严格执行月、周工作计划，系统考虑人、材、物的合理调配，综合分析时间与进度、质量、安全的关系，合理布置日工作任务，保证工作顺利完成。

```
                    ┌──────────────────────┐  ┌──────────────────────────┐
                    │ 地市公司级单位作业项目管理 │  │ 专业室作业项目管理（周计划） │
                    │    （月度计划）         │  └──────────────────────────┘
                    └──────────────────────┘
```

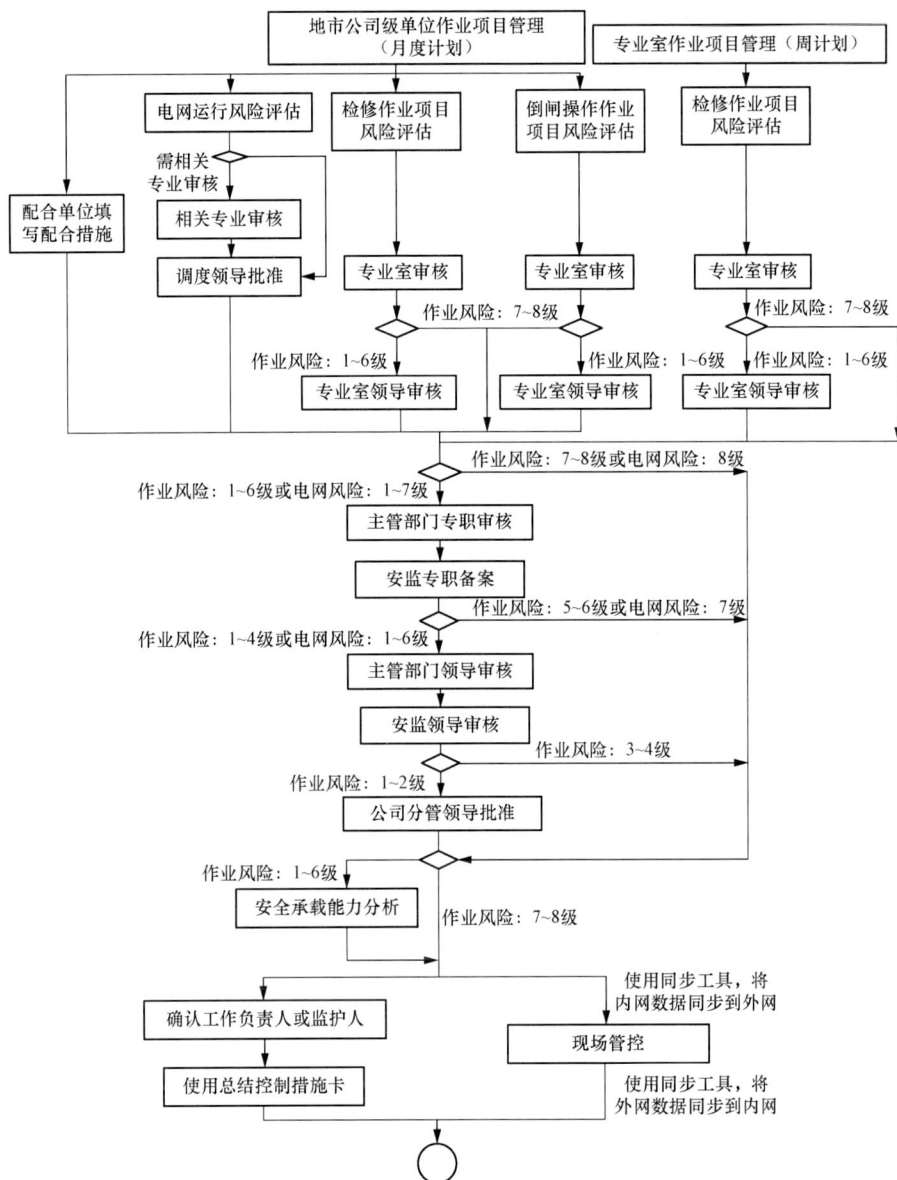

图 3-2　地市公司级单位作业风险管控流程图

（2）人员安排要开展班组承载力分析，合理安排作业力量。工作负责人胜任工作任务，作业人员技能符合工作需要，管理人员到岗到位。

（3）组织协调停电手续办理，落实动态风险预警措施，做好外协单位或其他配合单位的联系工作。

（4）资源调配满足现场工作需要，提供必要的设备材料、备品备件、车辆、机械、作业机具及安全工器具等。

（5）开展现场勘察，填写现场勘察单，明确需要停电的范围，保留的带电部位，作业现场的条件、环境及其他作业风险。

（6）方案制定科学严谨。根据现场勘察情况组织制定施工"三措"（组织措施、技术措施、安全措施）、作业指导书，有针对性和可操作性。危险性、复杂性和困难程度较大的作业项目工作方案，应经本单位批准后结合现场实际执行。

（7）组织方案交底。组织工作负责人等关键岗位人员、作业人员（含外协人员）、相关管理人员进行交底，明确工作任务、作业范围、安全措施、技术措施、组织措施、作业风险及管控措施。

2. 作业安全风险库的建立与维护

生产班组负责根据《评估规范》，查找管辖范围内的危险因素，明确风险所在的地点和部位，对风险等级进行初评，形成风险事件并上报专业室（中心）。专业室（中心）负责对生产班组上报的风险事件进行审核、复评。一般、较大风险事件，由专业室（中心）在作业安全风险库中发布。重大风险事件，由专业室（中心）上报单位相关职能部门和安监部门，相关职能部门会同安监部门对重大风险审核确认后在作业安全风险库中发布。

作业安全风险库应及时导入日常安全生产和管理（如日常检查、专项检查、隐患排查、安全性评价等）中新发现的风险。职能部门每年组织专家，依据《评估规范》进行专项风险辨识，补充、完善作业安全风险库中相关风险事件。对风险事件的新增、消除和风险等级的变更等维护工作仍遵循逐级审核、发布的原则。

作业安全风险库模板如表 3-7 所示。

表 3-7   作业安全风险库模板

序号	地点	部位	风险描述	作业类别	伤害方式	可能性	频度	严重性	风险值	风险等级	控制措施	填报单位	发布时间

作业安全风险库包括地点、部位、风险描述、作业类别、伤害方式、风险值、控制措施和填报单位和发布时间等内容，其含义如下：

（1）地点是指风险所在的变电站、高压室、配电站或线路。

（2）部位是指风险所在的间隔、设备或线段。

（3）风险描述是指风险可能导致事故的描述。

（4）作业类别包括变电运维、变电检修、输电运检、电网调度、配网运检五种。一个风险可对应多个作业类别。

（5）伤害方式一般包括触电、高处坠落、物体打击、机械伤害、误操作、交通事故、火灾、中毒、灼伤、动物伤害十种伤害方式。一个风险可对应多个伤害方式。

（6）风险值一般采用 LEC 法分析所得。

（7）控制措施是根据风险特点和专业管理实际所制定的技术措施或组织措施。

（8）填报单位是上报并跟踪管理的单位或部门。

（9）发布时间是经审核批准后公开发布该风险的时间。

3. 作业项目风险等级评估

作业项目风险等级评估指针对某一类作业项目，综合考虑其技术难度、对电网的影响程度、发生事故的可能性和后果等因素，在对项目风险进行风险辨识后，依据作业项目风险评估标准划定作业项目的整体风险等级。

运检部门负责根据月度计划创建作业项目并下达到调控中心、配合单位和检修、运行专业室（中心）。作业项目的创建原则：一般以单条月度工作计划为一个作业项目；对于关联度较高的几条月度工作计划，可以合并成一个作业项目。

地市公司月度计划（周计划）均需进行电网风险评估。电网风险 8 级（1～29 分），由调控中心领导审核；电网风险 7 级（30～39 分），由主管部门专责审核；电网风险 1～6 级（40～100 分），由主管部门领导审核、公司领导批准。作业项目风险 7～8 级（1～39 分），专业室（中心）专责审核后直接执行；作业项目风险 5～6 级（40～59 分），主管部门专责审核后执行；作业项目风险 3～4 级（60～79 分），主管部门领导审核后执行；作业项目风险 1～2 级（80～100 分），公司领导批准后执行。

专业室（中心）内部计划无须进行电网风险评估。作业项目风险 7～8 级（1～39 分），专业室（中心）专责审核后直接执行；作业项目风险 5～6 级（40～59 分），主管部门专责审核后执行；作业项目风险 3～4 级（60～79 分），主管部门领导审核后执行；作业项目风险 1～2 级（80～100 分），公司领导批准后执行。

县级公司周计划均需进行电网风险评估。电网风险 8 级（1～29 分），由供电所领导审核；电网风险 1～7 级（30～100 分），由主管部门领导审核、公司领导批准。作业项目风险 7～8 级（1～39 分），供电所领导审核后直接执行；作业项目风险 5～6 级（40～59 分），主管部门专责审核后执行；作业项目风险 3～4 级（60～79 分），主管部门领导审核后执行；作业项目风险 1～2 级（80～100 分），公司领导批准后执行。

4. 现场实施主要风险及控制措施与要求

现场实施主要风险包括电气误操作、继电保护"三误"（误碰、误整定、误接线）、触电、高处坠落、机械伤害等。

现场实施风险控制的主要措施与要求：

（1）作业人员作业前经过交底并掌握方案。

（2）危险性、复杂性和困难程度较大的作业项目，作业前必须开展现场勘察，填写现场勘察单，明确工作内容、工作条件和注意事项。

（3）严格执行操作票制度。解锁操作应严格履行审批手续，并实行专人监护。接地线编号与操作票、工作票一致。

（4）工作许可人应根据工作票的要求在工作地点或带电设备四周设置遮栏（围栏），将停电设备与带电设备隔开，并悬挂安全警示标示牌。

（5）严格执行工作票制度，正确使用工作票、动火工作票、二次安全措施票和事故应急抢修单。

（6）组织召开开工会，交待工作内容、人员分工、带电部位和现场安全措施，告知危险点及防控措施。

（7）安全工器具、作业机具、施工机械检测合格，特种作业人员及特种设备操作人员持证上岗。

（8）对多专业配合的工作要明确总工作协调人，负责多班组各专业工作协调；复杂作业、交叉作业、危险地段、有触电危险等风险较大的工作要设立专责监护人员。

（9）操作接地是指改变电气设备状态的接地，由操作人员负责实施，严禁检修工作人员擅自移动或拆除。工作接地是指在操作接地实施后，在停电范围内的工作地点，对可能来电（含感应电）的设备端进行的保护性接地，由检修人员负责实施，并登录在工作票上。

（10）严格执行安全规程及现场安全监督，不走错间隔，不误登杆塔，不擅自扩大工作范围。

（11）全部工作完毕后，拆除临时接地线、个人保安接地线，恢复工作许可前设备状态。

（12）根据具体工作任务和风险度高低，相关生产现场领导和管理人员到岗到位。

5. 安全承载能力分析

作业项目负责人根据经审核、批准的作业项目风险评估结果开展班组安全承载能力分析。若安全承载能力无法满足作业项目风险等级，则及时调整人员安排和装备配置，直到安全承载能力与作业项目风险等级相匹配。

班组安全承载能力分析内容包括班组成员的技能等级、工作经验、安全积分，以及班组生产装备和安全工器具的匹配程度。

技能等级是依据个人所取得的员工安全技术等级确定，可与人员安全信息库中的数据匹配后自动生成。工作经验的分值由各单位依据员工实际情况定期发文公布，可与人员安全信息库中的数据匹配后自动生成。安全积分依据个人安全积分情况确定，可与人员安全信息库中的数据匹配后自动生成。

生产装备和安全工器具的匹配程度，需要评估人员按照实际情况进行评估。

作业项目风险等级与安全承载能力分析评估得分的要求：1 级风险作业的评估得分必须大于 90 分；2 级风险作业的评估得分必须大于 85 分；3 级风险作业的评估得分必须大于 80 分；4 级风险作业的评估得分必须大于 75 分；5 级风险作业的评估得分必须大于 70 分；6 级风险作业的评估得分必须大于 65 分；7、8 级风险作业的评估得分必须大于 60 分。

6. 作业安全风险控制措施卡的使用

作业安全风险控制措施卡（简称控制措施卡）使用的一般要求：

（1）在开展现场作业前，由工作负责人查看作业项目风险评估结果并打印控制措施卡，必要时可补充、完善控制措施卡中的安全风险和控制措施。

（2）依据控制措施卡对现场作业存在的风险进行控制。控制措施卡在使用过程中遇到现场风险因素变更时，工作负责人（或值长）应将变更的危险因素填入控制措施卡，并制定、落实控制措施，必要时报请单位及相关职能部门批准后执行。

（3）及时总结控制措施卡执行情况。

7. 应急处置

针对现场具体作业项目编制风险失控现场处置方案。组织作业人员学习并掌握现场处置方案。现场工作人员应定期接受培训，学会紧急救护法，会正确解脱电源，会心肺复苏法，会转移搬运伤员等。

第二节　作业安全风险辨识与控制

一、变电基建安装工程施工作业安全风险辨识与控制

1. 公共部分（见表 3-8）

表 3-8　　　　变电基建安装工程施工作业安全风险辨识内容（公共部分）

序号	辨识项目	辨识内容
1	气象条件	六级以上大风，能见度小于 20m，大雾、大雪、冰冻、雷雨天气时，暂时停止作业，待天气情况好转后继续进行
2	现场条件	现场勘察到位，施工方案正确，施工现场道路、施工用电等是否满足施工要求
3	作业人员	身体状况有无伤病；是否疲劳困乏；情绪是否异常或失态；是否适合登高等大运动量作业；有无连续工作或家庭等其他原因影响
4	外来人员	新进人员；第一次参与作业人员，适当安排能胜任或辅助性工作，或安排师傅专门带领工作；非专业或明显不能胜任人员，增设专责监护人全程监护
5	工器具	脚扣、安全带等安全工器具应检查外观、试验标签等合格、齐全。起重搬运行、安装工具（吊车、真空泵、钻床等）合格、操作规程齐全。使用前，还应检查并保证完好
6	安全措施	施工作业票正确、规范、合格；安全措施完备，有针对性；现场交底全面；安全监护落实到位

2. 专业部分（见表 3-9，表 3-10）

（1）开关柜、屏安装。

表 3-9　　　　开关柜、屏安装作业安全风险辨识内容及典型控制措施

序号	辨识项目	辨识内容	典型控制措施
1	现场作业准备及布置	高处坠落、起重伤害、物体打击、其他伤害	（1）现场技术负责人应向所有参加施工作业人员进行安全技术交底，指明作业过程中的危险点，布置防范措施，接受交底人员必须在交底记录上签字； （2）施工负责人、技术人员、安全员、质检员、起重负责人、起重工、电焊工、安装人员等特种作业人员或特殊作业人员持证上岗； （3）吊车、U 形环、钢丝绳、钻床、母线平（立）弯机、电焊机、滚杠、运输平台、木撬棍、砂轮切割机、常用扳手、力矩扳手、手锯、梯子等主要机具及材料配置到位，经检验合格，满足使用要求
2	二次搬运	起重伤害、物体打击、其他伤害	（1）运输过程中，行走应平稳匀速，速度不宜太快，车速应小于 15km / h，并应有专人指挥，避免开关柜、屏在运输过程中发生倾倒现象； （2）拆箱时作业人员应相互协调，严禁野蛮作业，防止损坏盘面，及时将拆下的木板清理干净，避免钉子扎脚； （3）使用吊车时，吊车必须支撑平稳，必须设专人指挥，其他作业人员不得随意指挥吊车司机，在起重臂的回转半径内，严禁站人或有人经过
3	屏、柜就位	物体打击、高处坠落	（1）开关柜、屏就位前，作业人员应将就位点周围的孔洞用铁板或结实的木板盖严，避免作业人员摔伤；

序号	辨识项目	辨识内容	典型控制措施
3	屏、柜就位	火灾、其他伤害	（2）组立屏、柜或端子箱时，应保证有足够的作业人员，设专人指挥，作业人员必须服从指挥，统一行动，防止屏、柜倾倒伤人，钻孔时使用的电钻应检查是否漏电，电钻的电源线应采用便携式电源盘，并加装漏电保护器； （3）开关柜、屏找正时，作业人员不可将手、脚伸入柜底，避免挤压手脚。屏、柜顶部作业人员，应有防护措施，防止从屏柜上坠落； （4）用电焊固定开关柜时，作业人员必须将电缆进口用铁板盖严，防止焊渣将电缆烫坏，应设专人进行监护； （5）应在作业面附近配备消防器材

（2）电缆敷设及二次接线。

表 3-10　　电缆敷设及二次接线作业安全风险辨识内容及典型控制措施

序号	辨识项目	辨识内容	典型控制措施
1	现场作业准备及布置	物体打击、触电火灾、其他伤害	（1）工程技术人员应根据电缆盘的质量配备吊车、吊绳，并根据电缆盘的质量配置电缆放线架； （2）电缆隧道需采用临时照明作业时，必须使用 36V 以下照明设备，且导线不应有破损； （3）临时打开的电缆沟盖、孔洞应设立警示牌、围栏； （4）根据电缆盘的质量和电缆盘中心孔直径选择放线支架的钢轴，放线支架必须牢固、平稳，无晃动，严禁使用道木搭设支架，防止电缆盘翻倒造成伤人事故的发生； （5）现场技术负责人应向所有参加施工作业人员进行安全技术交底，指明作业过程中的危险点，布置作业时的安全防范措施，接受交底人员必须在交底记录上签字； （6）按作业项目区域定置平面图要求进行施工作业现场布置； （7）安装负责人，技术负责人，安全员，质检员，起重负责人，工器具管理员，安装人员等特种作业或特殊作业人员持证上岗； （8）吊车、电焊机、砂轮锯、弯管机、输送机、牵引机、环形滑车、转弯滑车、三角滑车、电缆放线架、吊装机具、照明灯、对讲机、电源箱、工作电源电缆、漏电保护器、钢丝绳等，以及一些消防设备，主要机具及材料配置到位
2	电缆装卸	起重伤害、物体打击、其他伤害	（1）电缆卸车必须使用吊车进行，作业负责人应根据电缆轴的质量选择吊车和钢丝绳套，严禁使用跳板滚动卸车和在车上直接将电缆盘推下； （2）卸车时吊车必须支撑平稳，必须设专人指挥，其他作业人员不得随意指挥吊车司机，遇紧急情况时，任何人员有权发出停止作业信号； （3）电缆运输车上的挂钩人员在挂钩前要将其他电缆盘用木楔等物品固定后方可起吊，车下人员在电缆盘吊移的过程中，严禁站在吊臂和电缆盘下方，只有在电缆盘将要落地时方可扶持电缆盘，此时作业人员应防止压脚事故的发生
3	敷设及接线	物体打击、高处坠落、其他伤害	（1）电缆敷设时应设专人统一指挥，指挥人员指挥信号应明确并传达到位； （2）敷设人员戴好安全帽、手套，严禁穿塑料底鞋，必须听从统一口令，用力均匀协调；

序号	辨识项目	辨识内容	典型控制措施
3	敷设及接线	物体打击、高处坠落、其他伤害	（3）拖拽人员应精力集中，要注意脚下的设备基础、电缆沟支撑物、土堆等，避免绊倒摔伤。在电缆层内作业时，动作应轻缓，防止电缆支架划伤身体； （4）拐角处施工人员应站在电缆外侧，避免电缆突然带紧将作业人员摔倒； （5）电缆通过孔洞时，出口侧的人员不得在正面接引，避免电缆伤及面部； （6）操作电缆盘人员要时刻注意电缆盘有无倾斜现象，特别是在电缆盘上剩下几圈时，应防止电缆突然蹦起伤人； （7）高压电缆敷设过程中必须设专人巡视，应采用一机一人的方式敷设，施工前作业人员应时刻保证通信畅通，在拐弯处应有专人看护，防止电缆脱离滚轮，避免出现电缆被压、磕碰及其他机械损伤等现象发生； （8）高压电缆敷设采用人力敷设时，作业人员应听从指挥统一行动，抬电缆行走时要注意脚下，放电缆时要协调一致同时下放，避免扭腰砸脚和磕坏电缆外绝缘； （9）临时打开的沟盖、孔洞应设立警示牌、围栏，每天完工后应立即封闭

二、变电改扩建工程施工作业安全风险辨识与控制

1. 公共部分（见表 3-11）

表 3-11　　变电改扩建工程施工作业安全风险辨识内容（公共部分）

序号	辨识项目	辨识内容
1	气象条件	六级以上大风，能见度小于 20m，大雾、大雪、冰冻、雷雨天气时，暂时停止作业，待天气情况好转后继续进行
2	现场条件	现场勘察到位，施工方案正确，施工现场道路、施工用电等是否满足施工要求。改扩建设备与邻近带电设备安全距离是否符合要求
3	作业人员	身体状况有无伤病；是否疲劳困乏；情绪是否异常或失态；是否适合登高等大运动量作业；有无连续工作或家庭等其他原因影响
4	外来人员	新进人员；第一次参与作业人员，适当安排能胜任或辅助性工作，或安排师傅专门带领工作；非专业或明显不能胜任人员，增设专责监护人全程监护
5	工器具	脚扣、安全带等安全工器具应检查外观、试验标签等合格、齐全。起重搬运行、安装工具（吊车、真空泵、钻床等）合格、操作规程齐全。使用前，还应检查并保证完好
6	安全措施	工作票、施工作业票正确、规范、合格；安全措施完备，有针对性；现场交底全面；安全监护落实到位

2. 专业部分（见表 3-12）

表 3-12　　变电改扩建工程施工作业安全风险辨识与典型控制措施（专业部分）

序号	辨识项目	辨识内容	典型控制措施
1	设备安装	触电、火灾	（1）在运行变电站的主控楼作业时，施工作业人员必须经值班人员许可后进入作业区域，并且在值班人员做好隔离措施后方可作业，楼内严

续表

序号	辨识项目	辨识内容	典型控制措施
1	设备安装	触电、火灾	禁吸烟、非作业人员严禁入内； （2）拆装盘、柜等设备时，作业人员应动作轻慢，防止振动； （3）拆解盘、柜内二次电缆时，作业人员必须确定所拆电缆确实已退出运行，并在监护人员监护下进行作业； （4）在加装盘顶小母线时，作业人员必须做好相邻盘、柜上小母线的防护工作，严防因放置工具或其他物品导致小母线短路； （5）在楼内动用电焊、气焊等明火时，除按规定办理动火工作票外，还应制定完善的防火措施，设置专人监护，配备足够的消防器材，所用的隔离板必须是防火阻燃材料，严禁用木板
2	运行盘柜上二次接线	触电、电网事故	（1）进行二次接线时，应进行安全技术交底。作业人员在二次接线过程中应熟悉图纸和回路，遇有疑问应立即向设计人员或技术人员提出，不得擅自更改图纸； （2）二次接线时，应先接新安装盘、柜侧的电缆，后接运行盘、柜的电缆； （3）接线人员在盘、柜内的动作幅度要尽可能的小，避免碰撞正在运行的电气元件，同时应将运行的端子排用绝缘胶带粘住，经用万用表校验所接端子无电后，在值班人员和技术人员的监护下进行接线； （4）二次接线接入带电屏柜时，必须在监护人监护下进行； （5）电缆头地线焊接时，电烙铁使用完毕后不要随意乱放，以免烫伤正在运行的电缆，造成运行事故
3	二次接入带电系统	触电、电网事故	（1）工作负责人根据设计图纸认真交待分配工作地点和工作内容，工作范围严禁私自更换工作地点和私自调换工作内容； （2）开始施工前，由运维人员在施工的相邻保护屏上悬挂"运行设备"醒目标识，施工过程中要积极配合运维人员的工作，确定工作范围及工作位置。施工人员严禁误碰或误动其他运行设备； （3）严格按设计图纸施工，如有问题应及时与有关技术人员联系，不可随意处置； （4）监护人认真负责，坚守岗位，不得擅离职守

第四章　现场标准化作业

第一节　现场标准化作业的基本原则与一般要求

现场标准化作业是以现场安全生产、技术和质量活动的全过程及其要求为主要内容，按照企业安全生产的客观规律与要求，制定作业程序标准和贯彻标准的一种有组织活动。现场标准化作业是规范现场作业"作业标准化、管理精益化、安全常态化"有效途径。本着"统一标准、优化流程、规范作业，强化执行"的工作方针，《国家电力公司输变电工程标准化施工作业手册》是现场作业的工作标准，标准化作业指导书和现场执行卡是开展现场标准化作业的具体形式。

一、标准化作业的基本原则

（1）标准化作业必须将"标准化建设、专业化管理、信息化支撑、准军事化实施"有机结合，促进变电二次安装"精益化"工作要求（简称"四化促一化"），细化和落实到每项作业过程当中，规范现场作业人员的行为，确保作业安全和质量。

（2）标准化作业必须采用规范的作业指导书和现场执行卡。建立健全变电设备安装标准化作业流程，规范现场作业指导书的使用形式和应用范围，确保现场作业任务清楚、程序清楚、危险点清楚、安全措施清楚（简称"四清楚"），确保人员到位、措施到位、执行到位、监督到位（简称"四到位"），确保作业现场安全有序。

（3）标准化作业应密切结合各单位的安全生产工作实际，切实做好"五大"体系建设与原有的安全、生产、技术等管理工作的无缝衔接与有效整合。履行安全生产保证体系的职责，梳理安全生产管理规章制度，理顺"五大"体系之间工作界面和业务流程，分析可能出现的各类安全风险，制定相关应急预案和应急处置措施，防止由于安全管理缺失带来的各种安全风险。

（4）按照"优化、简化、实用化"的原则，建立健全现场标准化作业工作评估和持续改进机制，注重安全风险和工艺质量的控制，定期对现场标准化作业工作及作业指导书或现场执行卡的执行情况进行统计、分析，及时提出改进措施，不断提高现场标准化作业管理水平。

（5）加强对生产管理人员和作业人员的培训，保证现场标准化作业工作的全覆盖和有效实施。建立公司员工安全技术等级体系，制定各类员工安全等级标准规范，组织开展针对性培训、考核和持证上岗，提高公司系统员工的安全素质和安全技能，提升生产现场安全管理能力和实施控制能力。

二、标准化施工作业和安全文明施工的一般要求

（1）特种作业人员和特殊作业人员应持证上岗，其证件必须在有效期内使用，禁止无证作业。

（2）所有进入施工现场的作业人员必须着装整齐，佩戴胸卡，正确佩戴安全帽；在施工作业前，作业人员应检查个人的安全防护品及工器具，确认齐全、良好并正确佩戴，严禁穿拖鞋、凉鞋、跟鞋或带钉的鞋，以及短袖上衣或短裤进入施工现场；严禁酒后入施工现场。

（3）作业人员有权拒绝违章指挥和违章操作，对无措施或有措施但未经交底的施工项目拒绝施工。技术及安全交底应经本人签字确认。

（4）机械操作人员，必须掌握使用机械设备的性能和操作规程。机械设备使用前，要进行试运行，确认性能良好后，方可作业。

（5）临时作业人员进入现场前，应对其进行必要的安全技能教育培训；工作时现场必须有专人带领和监护，从事指定的作业，不得从事不熟悉的作业。

（6）临时调配的作业人员，必须在熟悉现场环境和作业项目后，方可参加作业。

（7）施工单位是工程项目安全文明施工的主体，负责安全文明施工标准化的具体实施。

（8）根据项目安全管理目标及安全文明施工总体规划，编制有针对性的工程项目安全文明施工实施细则，提交监理审核，并经业主项目部同意后实施。

（9）项目安全文明施工实施细则一般应包括安全文明施工目标管理、安全文明施工组织机构及职责、安全文明施工管理措施、现场安全文明施工要求及实施等主要内容。

（10）按规定配备合格的专（兼）职安全管理人员。

（11）建立健全安全文明施工的各项规章制度和操作规程。

（12）安全设施配备应标准、齐全。

（13）开展危险点辨识及预控活动，编制有针对性的安全技术措施（方案），并确保措施（方案）的有效实施。

（14）按规定组织安全文明施工检查、开展工程项目安全健康环境自评价工作，规范项目安全文明施工管理。

（15）对施工管理人员和施工作业人员按规定进行安全教育培训。

（16）向施工作业人员提供合格的劳动保护及安全防护用品（用具），并监督其正确使用。

（17）严格工程专业分包、劳务分包及劳务用工（临时用工）的安全管理，并按相关规定进行管理。

（18）遵守环境保护的法律、法规，倡导绿色施工，减少施工对环境的影响和污染。

（19）为施工现场从事危险作业的人员办理意外伤害保险。

第二节　现场标准化作业规范

标准化作业贯彻以人为本、生命至上的理念，在工程项目中实行安全制度执行标准化、安全设施标准化、个人防护用品标准化、现场布置标准化、作业行为规范化和环境影响最小化（简称"六化"），营造安全文明施工的良好氛围，创造良好的安全施工环境和作业条件。

一、安全制度执行标准化

现场施工需具备下列制度（包括但不限于）：

（1）安全施工责任制度。

（2）安全教育培训制度。

（3）安全施工检查制度。

（4）安全例会制度。

（5）安全施工措施编审和交底制度。

（6）安全活动日、安全施工作业票管理制度。

（7）安全监护制度。

（8）分包工程安全管理制度。

（9）安全用电管理制度。

（10）安全防护装备管理制度。

（11）防火、防爆安全管理制度。

（12）施工机械及工器具安全管理制度。

（13）车辆交通安全管理制度。

（14）安全文明施工管理制度。

（15）环境保护管理制度。

（16）安全设施管理制度。

（17）生活卫生管理制度。

（18）安全奖惩制度。

（19）事故调查、处理、统计报告制度。

（20）消防保卫管理制度。

（21）安全措施补助费文明施工费使用管理办法。

（22）防尘、防毒安全管理制度。

（23）反违章考核管理制度。

（24）改、扩建工程施工安全管理制度。

二、安全设施标准化

1. 安全隔离设施

（1）危险区域与人员活动区域间、带电设备区域与施工区域间、施工作业区域与非施工作业区域间、地下穿越入口和出口区域、设备材料堆放区域与施工区域间应使用安全围栏实施有效的隔离。安全围栏设置相应的安全警示标志，形式可根据实际情况选取。

（2）高处作业面（包括高差2m及以上的基坑，直径大于1m的无盖板坑、洞）等有人员坠落危险的区域，安全围栏应稳定可靠，并具有一定的抗冲击强度。

（3）变电工程滤油作业区和油罐存放区等危险区域、相对固定的安全通道两侧应采用钢管扣件组装式安全围栏或门形组装式安全围栏进行隔离。

（4）带电设备区域与施工区域间应采用安全围栏进行隔离，安全围栏宜选用绝缘材料，并满足施工安全距离要求。

（5）施工作业区域与非施工作业区域间、设备材料堆放区域四周、电缆沟道两侧宜采用提示遮栏进行隔离。

（6）交叉施工作业区应合理布置安全隔离设施和安全警示标志。

2. 孔洞防护设施

（1）施工现场（包括办公区、生活区）能造成人员伤害或物品坠落的孔洞应采用孔洞盖板或安全围栏实施有效防护。

（2）盖板应满足人或车辆通过的强度要求，盖板上表面应有安全警示标志。

（3）直径大于 1 m、道路附近、无盖板及盖板临时揭开的孔洞，四周应设置安全围栏和安全警示标志牌。

3. 施工用电设施

（1）施工现场临时用电应采用三相五线制标准布设。施工用电设备在 5 台及以上或设备总容量在 50kW 及以上时，应编制安全用电专项施工组织设计；施工用电设备在 5 台以下或设备总容量在 50kW 以下时，在施工组织设计中应有施工用电专篇，明确安全用电和防火措施。

（2）现场生活、办公、施工临时用电系统应实施有效的安全用电和防火措施。

（3）直埋电缆埋设深度和架空线路架设高度应满足安全要求，直埋电缆路径应设置方位标志，电缆通过道路时应采用套管保护，套管应有足够强度。

（4）各级配电箱装设应端正、牢固、防雨、防尘，并加锁，设置安全警示标志，总配电箱和分配电箱附近配备消防器材。

（5）总配电箱、开关箱内应配置漏电保护器。配电箱内应配有接线示意图和定期检查表，由专业电工负责定期检查、记录。电源线、重复接地线、保护零线应连接可靠。

4. 起重作业防护设施

（1）起重机械（含牵张设备）安全保护装置应齐全有效，牵张设备应设置地锚锚固。

（2）采用抱杆组塔时，抱杆、绞磨、卷扬机、地锚、滑车、钢丝绳、绳卡、卸扣等起重工器具应正确配置。

（3）分段分片吊装组塔时，应使用控制绳进行调整。为保护设备或杆塔、构架镀锌层，宜使用吊带。

5. 高处作业防护设施

（1）构架安装和铁塔组立时应设置临时攀登用保护绳索或永久轨道，攀登人员应正确使用攀登自锁器。

（2）变电工程高处作业应使用梯子、高处作业平台，推荐使用高处作业车。

（3）线路工程平衡挂线出线临锚、导地线不能落地压接时，应使用高处作业平台。

（4）塔上作业上下悬垂绝缘子串、上下复合绝缘子串和安装附件时，应使用下线爬梯。高处作业区附近有带电体时，应使用绝缘梯或绝缘平台。

6. 消防设施

（1）易燃易爆物品、仓库、宿舍、加工区、配电箱及重要机械设备附近，应按规定配备灭火器、砂箱、水桶、斧、锹等消防器材，并放在明显、易取处。

（2）易燃、易爆液体或气体（油料、氧气瓶、乙炔气瓶、六氟化硫气瓶等）等危险品应存放在专用仓库或实施有效隔离，并与施工作业区、办公区、生活区、临时休息棚保持安全距离，危险品存放处应有明显的安全警示标志。

（3）消防器材应使用标准的架、箱，应有防雨、防晒措施，每月检查并记录检查结果，定期检验，保证处于合格状态。

7. 架线跨越作业防护设施

（1）架线跨越作业应搭设跨越架或承力索，跨越架搭设高度、宽度应满足要求，搭设强度应能承受发生断线或跑线时的冲击载荷。

（2）带电跨越时，跨越架或承力索封顶网应使用绝缘网和绝缘绳。

（3）跨越架需经取得相应资格的专业人员搭设，验收合格后使用。架体上应悬挂醒目的安全警示标志，并设专人看护。跨越铁路、公路时，跨越架应设置反光标志，跨越公路时，还应在跨越段前200m处设置限高提示。

8. 预防雷击和近电作业防护设施

（1）杆塔和构架组立后、牵张设备放线作业、临近带电体作业、带电设备区域的施工机械和金属结构、钢管脚手架、跨越不停电线路时两侧杆塔的放线滑车等应装设工作接地线。

（2）牵张设备出线端的牵引绳及导线上应装设接地滑车。附件安装时，作业区两端应装设保安接地线。

（3）停电作业时，作业人员应正确使用相应电压等级的验电器和绝缘棒对停电设备或导线进行验电，确认无电压后装设工作接地线。

9. 有害气体防护设施

（1）在存在有害气体的室内或容器内工作，深基坑、地下隧道和洞室等，应装设和使用强制通风装置，配备必要的气体监测装置。人员进入前进行检测，并正确佩戴和使用防毒、防尘面具。

（2）地下穿越作业应设置爬梯，通风、排水、照明、消防设施应与作业进展同步布设。施工用电应采用铠装线缆或采用普通线缆架空布设。

三、个人防护用品标准化

依据不同施工作业要求，按照个人防护用品标准化要求为作业人员配备相应的防护用品，使其免遭或者减轻事故伤害及职业危害。

1. 作业人员一般防护

（1）作业人员进入施工现场应正确佩戴安全帽，穿工作鞋和工作服。

（2）从事机械作业的女工及长发者应配备工作帽。从事防水、防腐和油漆作业的施工人员应配备防毒面罩、防护手套和防护眼镜。

（3）从事坑井、深沟下作业的施工人员应配备雨靴、手套、保安照明或手电、安全绳等。从事混凝土浇筑、振捣作业的施工人员应配备胶鞋（或绝缘鞋）和手套（或绝缘手套）。

（4）从事水上运输或跨越江河、湖泊架线作业的施工人员应配备救生衣。

（5）冬季施工期间或作业环境温度较低时，应为作业人员配备防寒类防护用品。雨期施工应为室外作业人员配备雨衣、雨鞋等防护用品。

2. 特殊作业和特种作业人员防护

（1）从事高处作业的施工人员应佩戴安全带，在杆塔（全高超过 80m 杆塔）上高处作业的施工人员宜佩戴全方位防冲击安全带。在垂直攀登过程中的施工人员应配备攀登自锁器，高处短距离垂直移动或水平移动应配备速差自控器、两道防护绳和水平安全绳。

（2）带电和近电作业的施工人员应配备绝缘鞋、绝缘手套。从事高压电气作业的施工人员应配备相应等级的绝缘鞋、绝缘手套和有色防护眼镜，必要时配备防静电服（屏蔽服）。从事手持电动工具作业的施工人员应配备绝缘鞋、绝缘手套和防护眼镜。

（3）从事焊接、气割作业的施工人员应配备阻燃防护服、绝缘鞋、绝缘手套、防护面罩、防护眼镜。在高处进行焊接、气割作业时，应配备安全帽与面罩连接式焊接防护面罩和阻燃安全带。

（4）在有尘毒危害环境下作业的施工人员应配备防毒面具或正压式空气呼吸器、防尘口罩、密闭式防护眼镜和防护手套。

四、现场布置标准化

1. 总体要求

（1）通过施工总平面布置及规范建筑物、装置型设施、安全设施、标志、标识牌等式样和标准，以期达到现场视觉形象统一、规范、整洁、朴素、美观的效果。

（2）现场施工总平面应按实际功能划分为办公区、生活区、施工区。办公区、人员住所和材料站应远离河道、易滑坡、易塌方等存在灾害影响的不安全区域。工程参建人员要集中住宿，驻地要尽可能选择人口密集、治安良好、交通便捷、通信畅通的社区；在偏远农村地区，施工驻地要尽量靠近村委会、治安报警点，并在驻地醒目位置张贴就近派出所联系人和报警电话。

（3）施工作业场地应进行围护、隔离、封闭，实行区域化管理。按作业内容分为施工作业区、混凝土搅拌区、材料加工区、设备材料堆放区等。

（4）施工作业现场全面推行定置化管理，策划、绘制平面定置图，规范设备、材料、工器具等堆（摆）放方式。

2. 现场办公区布置

（1）业主、监理、施工项目部办公室应独立设置，做到布置合理、场地整洁，临时建筑设施主色调与现场环境相协调。

（2）工程业主、监理、施工项目部应与施工区、生活区分开隔离，并做到布置合理、场地整洁、墙体无污物。

（3）施工项目部在办公区或施工区设置"四牌一图"。设置会议室，将工程项目安全文明施工组织机构图、安全文明施工管理目标、工程施工进度横道图、应急联络牌等设置上墙。适宜位置设置宣传栏、标语等宣传类设施。

（4）业主、监理、施工项目部应应用基建管理信息系统，并能利用电子邮件、传真、无线通信等方式实现图文、声讯信息的即时、可靠传递。

3. 现场生活区布置

（1）包含分包的所有施工人员宿舍应通风良好、整洁卫生、室温适宜。现场生活区应提供洗浴、盥洗设施和必要的文化娱乐设施。项目部生活区应设置水冲式厕所，缺水地区可采用旱厕，并保持洁净。

（2）食堂应配备厨具、冰柜、消毒柜、餐桌椅等设施，做到干净整洁，符合卫生防疫及环保要求。应根据现场人员民族构成，单独设立小餐桌等措施，确保少数民族员工用餐方便。炊事人员应按规定体检，并取得健康证，工作时应穿戴工作服、工作帽。

4. 变电站（换流站）工程施工区布置

（1）实行封闭管理，采用安全围栏进行围护、隔离、封闭，有条件的应先期修筑围墙。开工初期应首先完成站区环形道路的基层路面硬化工作。道路两旁应设置公示栏、标语等宣传类设施。应搭建临时大门，控制人员车辆进出。

（2）工具间、库房等应为轻钢龙骨活动房、砖石砌体房或集装箱式房屋。临时工棚及机具防雨棚等应为装配式结构，棚上铺瓦楞板。

（3）材料、工具、设备应按定置区域堆（摆）放，设置材料、工具标识牌、设备状态牌和机械操作规程牌。

（4）作业区应进行围护、隔离，设置施工现场风险管控公示牌等内容。

（5）施工现场应配备急救箱（包）及消防器材，在适宜区域设置饮水点、吸烟室。

（6）可根据实际情况，在工程现场设置视频监控系统，实时监控现场施工安全风险作业状况，具体实施中应考虑永久与临时相结合以节约费用。

5. 输电线路工程施工区布置

（1）施工区域应设置施工友情提示牌、施工现场风险管控公示牌、应急联络牌等，并配备急救箱（包）及消防器材。

（2）土石方、沙石、水泥、机械设备等应按定置区域堆（摆）放，材料堆放应铺垫隔离，标识清晰，主要机械设备应设置设备状态牌和操作规程牌。

（3）基础施工场地采用安全围栏进行围护、隔离。外来人员流动频繁的杆塔组立现场、张力场、牵引场等，应采用提示遮拦进行维护、隔离，实行封闭管理。牵、张场应布置休息室、工具房和指挥台，设置临时厕所。

（4）有条件的线路工程，可在高风险作业施工现场装设视频监控系统。

五、作业行为规范化

1. 一般要求

施工人员通过不断的培训学习，提高安全技能水平，增强安全防范意识，遵章守规，做到作业行为规范化。

（1）施工人员进入施工现场应佩戴胸卡，着装整齐，正确佩戴个人安全防护用品。

（2）特种作业、特殊工种应经培训合格，持证上岗，非此类人员不得从事相关工作。

（3）施工作业前应检查施工方案中安全措施落实情况，做到措施不落实不作业，严格依照施工方案施工，遵守安全文明施工纪律，不违章作业。

（4）爱护施工现场各种安全文明施工设施，遵守使用规范，未经现场安全管理人员批准，严禁拆除、移动或挪用安全文明施工设施。对于确需临时拆除的设施，应采取相应的临时措施，事后应及时恢复。

（5）施工人员应有成品和半成品保护意识，自觉维护施工成品、半成品和防护设施，严禁乱拆、乱拿、乱涂和乱抹。

2. 特殊作业要求

（1）高处作业人员在作业全过程中不得失去保护，并有防止工具和材料坠落的措施。高处作业区附近有带电体时，应与带电体保持一定的安全距离，并设置提醒和警示标志，按要求设置专人监护。

（2）进行上下交叉或多人在一处作业时，施工人员应采取相应地、有效地防高处落物、防人员坠落、防碰撞措施，并相互照应，密切配合。

（3）起重作业中，施工人员不得在起重臂、抱杆及吊件垂直下方、受力钢丝绳内角侧，应正确使用起重工器具，不得以小代大。在施工机械附近作业时，施工人员不得在机械作业半径内逗留、行走或工作。

（4）停电作业时，施工人员在未接到停电许可工作命令前，严禁接近带电体。在接到停电许可工作命令后，原带电体经过验电确认无电压、挂接工作接地线后，施工人员方可进行停电作业。工作接地线一经拆除，原带电体即视为带电，严禁施工人员靠近作业。

（5）施工用电设施应由专业电工操作、维护管理，布设时应由专业电工指导监督，严禁私拉乱接。

（6）车辆运输作业的车况应良好。严禁无证和酒后驾驶。严禁超速、超重运输，载物应捆绑牢固，严禁人货混装和自卸车载人。

六、环境影响最小化

（1）严格遵守国家工程建设节地、节能、节水、节材和保护环境法律法规，倡导绿色施工，尽力减少施工对环境的影响。

1）尽可能少占耕（林）地等自然资源，严格控制基面开挖，严禁随意弃土，施工后尽可能恢复植被。

2）导地线展放作业尽可能采用空中展放导引绳技术，减少对跨越物的损害。

3）采取措施控制施工中的噪声与振动，降低噪声污染。

（2）施工现场应尽力保持地表原貌，减少水土流失，避免造成深坑或新的冲沟，防止发生环境影响事件。

1）砂石、水泥等施工材料应采用彩条布铺垫，做到工完、料尽、场地清，现场设置废料垃圾分类回收箱。

2）混凝土搅拌和灌注桩施工应设置沉淀池，有组织收集泥浆等废水，废水不得直接排入农田、池塘。

3）对易产生扬尘污染的物料实施遮盖、封闭等措施，减少灰尘对大气的污染。

第三节　标准化作业指导书（卡）的编制与应用

编制和执行标准化作业指导书是实现现场标准化作业的具体形式和方法。标准化作业指导书应突出安全和质量两条主线，对现场作业活动的全过程进行细化、量化、标准化，保证作业过程安全和质量处于可控、在控状态，达到事前管理、过程控制的要求和预控目标。现场作业指导书是对作业计划、准备、实施、总结等各个环节，明确具体操作的方法、步骤、措施、标准和人员责任，依据工作流程组合成的执行文件。

一、现场标准化作业指导书（卡）的编制原则和依据

1. 现场标准化作业指导书的编制原则

按照电力安全生产有关法律法规、技术标准、规程规定的要求和《国家电网公司现场标准化作业指导书编制导则》，作业指导书的编制应遵循以下原则：

（1）坚持"安全第一、预防为主、综合治理"的方针，体现凡事有人负责、凡事有章可循、凡事有据可查、凡事有人监督。

（2）符合安全生产法规、规定、标准、规程的要求，具有实用性和可操作性。概念清楚、表达准确、文字简练、格式统一，且含义具有唯一性。

（3）现场作业指导书的编制应依据生产计划和现场作业对象的实际，进行危险点分析，制定相应的防范措施。体现对现场作业的全过程控制，体现对设备及人员行为的全过程管理。

（4）现场作业指导书应在作业前编制，注重策划和设计，量化、细化、标准化每项作业内容。集中体现工作（作业）要求具体化、工作人员明确化、工作责任直接化、工作过程程序化，做到作业有程序、安全有措施、质量有标准、考核有依据，并起到优化作业方案，提高工作效率、降低生产成本的作用。

（5）现场作业指导书应以人为本，贯彻安全生产健康环境质量管理体系（SHEQ）的要求，应规定保证本项作业安全和质量的技术措施、组织措施、工序及验收内容。

（6）现场作业指导书应结合现场实际由专业技术人员编写，由相应的主管部门审批，编写、审核、批准和执行应签字齐全。

2. 现场标准化作业指导书的编制依据

（1）安全生产法律法规、标准、规程及设备说明书。

（2）缺陷管理、反措要求、技术监督等企业管理规定和文件。

二、现场标准化作业指导书的结构内容及格式

1. 现场标准化作业指导书的结构

现场标准化作业指导书的结构由封面、范围、引用文件、施工前准备、流程图、作业程序和工艺标准、验收记录、指导书执行情况评估和附录9项内容组成。

2. 现场标准化作业指导书的内容格式

（1）封面：由作业名称、编号、编写人及时间、审核人及时间、批准人及时间、作业负责人、作业工期、编写单位 8 项内容组成。

（2）范围：对作业指导书的应用范围做出具体的规定。

（3）引用文件：明确编写作业指导书所引用的法规、规程、标准、设备说明书及企业管理规定和文件。

（4）施工前准备：由准备工作安排、作业人员要求、备品备件、工器具、材料、定置图及围栏图、危险点分析、安全措施、人员分工 9 部分组成。其中"作业人员要求"内容包括：工作人员的精神状态和工作人员的资格具备（包括作业技能、安全资质和特殊工种资质）。

"危险点分析"内容包括：作业场地的特点，如带电、交叉作业、高空等可能给作业人员带来的危险因素；工作环境的情况，如高温、高压、易燃、易爆、有害气体、缺氧等，可能给工作人员安全健康造成的危害；施工作业中使用的机械、设备、工具等可能给工作人员带来的危害或设备异常；操作程序、工艺流程颠倒，操作方法的失误等可能给工作人员带来的危害或设备异常；作业人员的身体状况不适、思想波动、不安全行为、技术水平能力不足等可能带来的危害或设备异常；其他可能给作业人员带来危害或造成设备异常的不安全因素等。

"安全措施"内容包括：各类工器具的使用措施，如梯子、吊车、电动工具等；特殊工作措施，如高处作业、电气焊、油气处理、汽油的使用管理等；交叉作业措施；储压、旋转元件检修措施，如储压器、储能电机等；对危险点、相邻带电部位所采取的措施；施工作业票中所规定的安全措施；规定着装等。

（5）流程图：根据施工设备的结构，将现场作业的全过程以最佳的施工顺序，对施工项目完成时间进行量化，明确完成时间和责任人，而形成的施工流程。

（6）作业程序及工艺标准：由开工、施工电源的使用、动火、施工作业内容和工艺标准、竣工 5 部分组成。其中，"施工作业内容和工艺标准"内容包括：按照施工流程图，对每一个作业项目，明确工艺标准、安全措施及注意事项，记录作业结果和责任人等。

（7）验收记录内容包括：记录安装中改进和更换的零部件、存在问题及处理意见、施工作业班组验收意见及签字、项目部（队）验收意见及签字、分公司（公司）验收意见及签字等。

（8）作业指导书执行情况评估内容包括：对指导书的符合性、可操作性进行评价；对可操作项、不可操作项、修改项、遗漏项、存在问题做出统计；提出改进意见。

（9）附录：包括设备主要技术参数、安装调试数据记录。必要时附设备简图说明作业现场情况。

现场标准化作业指导书范例见附录 A。

三、现场标准化作业指导书（现场执行卡）的编制

根据省公司《输变电设备现场标准化作业管理规定》，按照"简化、优化、实用化"的要求，现场标准化作业根据不同的作业类型，采用风险控制卡、工序质量控制卡，重大检修项目应编制施工方案。风险控制卡、工序质量控制卡统称"现场执行卡"。

现场执行卡的编写和使用应遵守以下原则：

（1）符合安全生产法律法规、规定、标准、规程的要求，具有实用性和可操作性。内容应简单、明了、无歧义。

（2）应针对现场和作业对象的实际进行危险点分析，制定相应的防范措施，体现对现场作业的全过程控制，对设备及人员行为实现全过程管理，不能简单照搬照抄范本。

（3）现场执行卡的使用应体现差异化，根据作业负责人技能等级区别使用不同级别的现场执行卡。

（4）应重点突出现场安全管理，强化作业中工艺流程的关键步骤。

（5）原则上，凡使用施工作业票或工作票的改扩建工程作业，应同时对应每份施工作业票或工作票编写和使用一份现场执行卡。对于部分作业指导书包含的复杂作业，也可根据现场实际需要对应一份或多份现场执行卡。

（6）涉及多专业的作业，各有关专业要分别编制和使用各自专业的现场执行卡，现场执行卡在作业程序上应能实现相互之间的有机结合。

变电二次安装现场执行卡采用分级编制的原则，根据作业负责人的技能水平和工作经验使用不同等级的现场执行卡。设定作业负责人等级区分办法，根据各作业负责人的技能等级和工作经验及能力综合评定，并每年审核下发负责人等级名单。作业负责人应依据单位认定的技能等级采用相应的现场执行卡。

四、现场标准化作业指导书（现场执行卡）的应用

现场标准化作业对列入生产计划的各类现场作业均必须使用经过批准的现场标准化作业指导书（现场执行卡）。各单位在遵循现场标准化作业基本原则的基础上，根据实际情况对现场标准化作业指导书（现场执行卡）的使用作出明确规定，并可以采用必要的方便现场作业的措施。

（1）现场标准化作业指导书（现场执行卡）在使用前必须进行专题学习和培训，保证作业人员熟练掌握作业程序和各项安全、质量要求。

（2）在现场作业实施过程中，施工负责人对现场标准化作业指导书（现场执行卡）按作业程序的正确执行负全面责任。施工负责人应亲自或指定专人按现场执行步骤填写、逐项打勾和签名，不得跳项和漏项，并做好相关记录。有关人员也必须履行签字手续。

（3）依据现场标准化作业指导书（现场执行卡）进行工作过程中，如发现与现场实际相关图纸及有关规定不符等情况时，应立即停止工作，作业施工负责人根据现场实际情况及时修改指导书（现场执行卡），履行审批手续并做好记录后，按修改后的指导书继续工作。

（4）依据现场标准化作业指导书（现场执行卡）进行工作过程中，如发现设备存在事先未发现的缺陷和异常，应立即汇报工作负责人，并进行详细分析，制定处理意见，并经现场标准化作业指导书（现场执行卡）审批人同意后，方可进行下一项工作。设备缺陷或异常情况及处理结果，应详细记录在标准化作业指导书（现场执行卡）中。作业结束后，现场标准化作业指导书（现场执行卡）审批人应履行补签字手续。

（5）作业完成后，施工负责人应对现场标准化作业指导书（现场执行卡）的应用情况做出评估，明确修改意见并在作业完工后及时反馈现场标准化作业指导书（现场执行卡）编制人。

（6）设备发生变更时，应根据现场实际情况修改作业指导书，并履行审批手续。

（7）对大型、复杂、不常进行、危险性较大的作业，应编制风险控制卡、工序质量控制卡和施工方案，并同时使用作业指导书。

对危险性相对较小的作业、规模一般的作业、单一设备的简单和常规作业、作业人员较熟悉的作业，应在对作业指导书进行充分熟悉的基础上，编制和使用现场执行卡。

五、现场标准化作业指导书（现场执行卡）的管理

标准化作业应按分层管理原则对现场标准化作业指导书（现场执行卡）明确归口管理部门。公司各单位应明确现场标准化作业指导书（现场执行卡）管理的负责人、专责人，负责现场标准化作业的严格执行。

（1）现场标准化作业指导书一经批准，不得随意更改。如因现场作业环境发生变化、指导书与实际不符等情况需要更改时，必须立即修订并履行相应的批准手续后才能继续执行。

（2）执行过的标准化作业指导书（现场执行卡）应经评估、签字、主管部门审核后存档。

（3）现场标准化作业指导书实施动态管理。应及时进行检查总结、补充完善。作业人员应及时填写使用评估报告，对指导书的针对性、可操作性进行评价，提出改进意见，并结合实际进行修改。工作负责人和归口管理部门应对作业指导书的执行情况进行监督检查，并定期对作业指导书及其执行情况进行评估，将评估结果及时反馈给编写人员，以指导日后的编写。

（4）积极探索，采用现代化的管理手段，开发现场标准化作业管理软件，逐步实现现场标准化作业信息网络化。

第五章　生产现场的安全设施

安全设施是指在生产现场经营活动中将危险因素、有害因素控制在安全范围内，以及为了预防、减少、消除危害所设置的安全标志、设备标志、安全警示线、安全防护设施等的统称。变电站内生产活动所涉及的场所、设备（设施）、检修施工等特定区域以及其他有必要提醒人们注意危险有害因素的地点，应配置标准化的安全设施。

安全设施的配置要求：

（1）安全设施应清晰醒目、规范统一、安装可靠、便于维护，适应使用环境要求。

（2）安全设施所用的颜色应符合 GB 2893《安全色》的规定。

（3）变电设备（设施）本体或附近醒目位置应装设设备标志牌，涂刷相色标志或装设相位标志牌。

（4）变电站设备区与其他功能区、运行设备区与改（扩）建施工区之间应装设区域隔离遮栏。不同电压等级设备区宜装设区域隔离遮栏。

（5）生产场所安装的固定遮栏应牢固，工作人员出入的门等活动部分应加锁。

（6）变电站入口应设置减速线，变电站内适当位置应设置限高、限速标志。设置标志应易于观察。

（7）变电站内地面应标注设备巡视路线和通道边缘警戒线。

（8）安全设施设置后，不应构成对人身伤害、设备安全的潜在风险或妨碍正常工作。

第一节　安　全　标　志

安全标志是指用以表达特定安全信息的标志，由图形符号、安全色、几何形状（边框）和文字构成。安全标志分禁止标志、警告标志、指令标志、提示标志四大基本类型和消防安全标志道路交通标志等特定类型。

一、一般规定

（1）变电站设置的安全标志包括禁止标志、警告标志、指令标志、提示标志四种基本类型和消防安全标志、道路交通标志等特定类型。

（2）安全标志一般使用相应的通用图形标志和文字辅助标志的组合标志。

（3）安全标志一般采用标志牌的形式，宜使用衬边，以使安全标志与周围环境之间形成较为强烈的对比。

（4）安全标志所用的颜色、图形符号、几何形状、文字，标志牌的材质、表面质量、衬边及型号选用、设置高度、使用要求应符合 GB 2894《安全标志及其使用导则》的规定。

（5）安全标志牌应设在与安全有关场所的醒目位置，便于进入变电站的人们看到，并有足够的时间来注意它所表达的内容。环境信息标志宜设在有关场所的入口处和醒目处；局部环境信息应设在所涉及的相应危险地点或设备（部件）的醒目处。

（6）安全标志牌不宜设在可移动的物体上，以免标志牌随母体物体相应移动，影响认读。标志牌前不得放置妨碍认读的障碍物。

（7）多个标志在一起设置时，应按照警告、禁止、指令、提示类型的顺序，先左后右、先上后下地排列，且应避免出现相互矛盾、重复的现象。也可以根据实际，使用多重标志。

（8）安全标志牌应定期检查，如发现破损、变形、褪色等不符合要求时，应及时修整或更换。修整或更换时，应有临时的标志替换，以避免发生意外伤害。

（9）变电站入口，应根据站内通道、设备、电压等级等具体情况，在醒目位置按配置规范设置相应的安全标志牌。如"当心触电""未经许可不得入内""禁止吸烟""必须戴安全帽"等，并应设立限速的标识（装置）。

（10）设备区入口，应根据通道、设备、电压等级等具体情况，在醒目位置按配置规范设置相应的安全标志牌。如"当心触电""未经许可不得入内""禁止吸烟""必须戴安全帽"及安全距离等，并应设立限速、限高的标识（装置）。

（11）各设备间入口，应根据内部设备、电压等级等具体情况，在醒目位置按配置规范设置相应的安全标志牌。如主控制室、继电器室、通信室、自动装置室应配置"未经许可不得入内""禁止烟火"；继电器室、自动装置室应配置"禁止使用无线通信"；高压配电装置室应配置"未经许可不得入内""禁止烟火"；GIS 组合电器室、SF₆设备室、电缆夹层应配置"禁止烟火""注意通风""必须戴安全帽"等。

二、禁止标志及设置规范

禁止标志是指禁止或制止人们不安全行为的图形标志。常用禁止标志名称、图形标志示例及设置规范见表 5-1。

表 5-1 **常用禁止标志名称、图形标志示例及设置规范**

序号	名称	图形标志示例	设置范围和地点
1	禁止烟火	禁止烟火	主控制室、继电器室、蓄电池室、通信室、自动装置室、变压器室、配电装置室、检修、试验工作场所、电缆夹层、隧道入口、危险品存放点等处
2	禁止用水灭火	禁止用水灭火	变压器室、配电装置室、继电器室、通信室、自动装置室等处（有隔离油源设施的室内油浸设备除外）
3	禁止跨越	禁止跨越	不允许跨越的深坑（沟）等危险场所、安全遮栏等处
4	禁止攀登	禁止攀登	不允许攀爬的危险地点，如有坍塌危险的建筑物、构筑物等处
5	未经许可 不得入内	未经许可 不得入内	易造成事故或对人员有伤害的场所的入口处，如高压设备室入口、消防泵室、雨淋阀室等处
6	禁止堆放	禁止堆放	消防器材存放处、消防通道、逃生通道及变电站主通道、安全通道等处

序号	名称	图形标志示例	设置范围和地点
7	禁止使用无线通信	禁止使用无线通信	继电器室、自动装置室等处
8	禁止合闸 有人工作	禁止合闸 有人工作	一经合闸即可送电到施工设备的断路器和隔离开关操作把手上等处
9	禁止合闸 线路有人工作	禁止合闸 线路有人工作	线路断路器和隔离开关把手上
10	禁止分闸	禁止分闸	接地刀闸与检修设备之间的断路器操作把手上
11	禁止攀登高压危险	禁止攀登 高压危险	高压配电装置构架的爬梯上，变压器、电抗器等设备的爬梯上

三、警告标志及设置规范

警告标志是指提醒人们对周围环境引起注意，以避免可能发生危险的图形标志。常用警告标志名称、图形标志示例及设置规范见表 5-2。

表 5-2　　　　常用警告标志名称、图形标志示例及设置规范

序号	名称	图形标志示例	设置范围和地点
1	注意安全	注意安全	易造成人员伤害的场所及设备等处

序号	名称	图形标志示例	设置范围和地点
2	注意通风	注意通风	SF_6装置室、蓄电池室、电缆夹层、电缆隧道入口等处
3	当心火灾	当心火灾	易发生火灾的危险场所，如电气检修试验、焊接及有易燃易爆物质的场所
4	当心爆炸	当心爆炸	易发生爆炸危险的场所，如易燃易爆物质的使用或受压容器等地点
5	当心中毒	当心中毒	装有 SF_6 断路器、GIS 组合电器的配电装置室入口，生产、储运、使用剧毒品及有毒物质的场所
6	当心触电	当心触电	在有可能发生触电危险的电气设备和线路，如配电装置室、断路器等处
7	当心电缆	当心电缆	暴露的电缆或地面下有电缆处施工的地点
8	当心腐蚀	当心腐蚀	蓄电池室内墙壁等处
9	止步　高压危险	止步 高压危险	带电设备固定遮栏上，室外带电设备构架上，高压试验地点安全围栏上，因高压危险禁止通行的过道上，工作地点临近室外带电设备的安全围栏上，工作地点临近带电设备的横梁上等处

四、指令标志及设置规范

指令标志是指强制人们必须做出某种动作或采用防范措施的图形标志。常用指令标志名称、图形标志示例及设置规范见表 5-3。

表 5-3　　　　　　　常用指令标志名称、图形标志示例及设置规范

序号	名称	图形标志示例	设置范围和地点
1	必须戴防毒面具	必须戴防毒面具	在具有对人体有害的气体、气溶胶、烟尘等作业场所，如有毒物散发的地点或处理有毒物造成的事故现场等处
2	必须戴安全帽	必须戴安全帽	在生产现场（办公室、主控制室、值班室和检修班组室除外）佩戴
3	必须戴防护手套	必须戴防护手套	在易伤害手部的作业场所，如具有腐蚀、污染、灼烫、冰冻及触电危险的作业等处
4	必须穿防护鞋	必须穿防护鞋	在易伤害脚部的作业场所，如具有腐蚀、灼烫、触电、砸（刺）伤等危险的作业地点

五、提示标志及设置规范

提示标志是指向人们提供某种信息（如标明安全设施或场所等）的图形标志。常用提示标志名称、图形标志示例及设置规范见表 5-4。

表 5-4　　　　　　　常用提示标志名称、图形标志示例及设置规范

序号	名称	图形标志示例	设置范围和地点
1	在此工作	在此工作	工作地点或检修设备上
2	从此上下	从此上下	工作人员可以上下的铁（构）架、爬梯上

序号	名称	图形标志示例	设置范围和地点
3	从此进出		工作地点遮栏的出入口处
4	紧急洗眼水		悬挂在从事酸碱工作的蓄电池室、化验室等洗眼水喷头旁
5	安全距离		根据不同电压等级标示出人体与带电体最小安全距离。设置在设备区入口处

六、消防安全标志及设置规范

消防安全标志是指用以表达与消防有关的安全信息，由安全色、边框、以图像为主要特征的图形符号或文字构成的标志。

在变电站的主控制室、继电器室、通信室、自动装置室、变压器室、配电装置室、电缆隧道等重点防火部位入口处以及储存易燃易爆物品仓库门口处应合理配置灭火器等消防器材，在火灾易发生部位设置火灾探测和自动报警装置。

各生产场所应有逃生路线的标示，楼梯主要通道门上方或左（右）侧装设紧急撤离提示标志。

常用消防安全标志名称、图形标志示例及设置规范见表 5-5。

表 5-5　　常用消防安全标志名称、图形标志示例及设置规范

序号	名称	图形标志示例	设置范围和地点
1	消防手动启动器		依据现场环境，设置在适宜、醒目的位置
2	火警电话		依据现场环境，设置在适宜、醒目的位置
3	消火栓箱		设置在生产场所构筑物内的消火栓处

序号	名称	图形标志示例	设置范围和地点
4	地上消火栓		固定在距离消火栓1m的范围内，不得影响消火栓的使用
5	地下消火栓		固定在距离消火栓1m的范围内，不得影响消火栓的使用
6	灭火器		悬挂在灭火器、灭火器箱的上方或存放灭火器、灭火器箱的通道上。泡沫灭火器器身上应标注"不适用于电火"字样
7	消防水带		指示消防水带、软管卷盘或消防栓箱的位置
8	灭火设备或报警装置的方向		指示灭火设备或报警装置的方向
9	疏散通道方向		指示到紧急出口的方向。用于电缆隧道指向最近出口处
10	紧急出口		便于安全疏散的紧急出口处，与方向箭头结合设在通向紧急出口的通道、楼梯口等处

续表

序号	名称	图形标志示例	设置范围和地点
11	消防水池	1号消防水池	装设在消防水池附近醒目位置，并应编号
12	消防沙池（箱）	1号消防沙池	装设在消防沙池（箱）附近醒目位置，并应编号
13	防火墙	1号防火墙	在变电站的电缆沟（槽）进入主控制室、继电器室处和分接处、电缆沟每间隔约60m处应设防火墙，将盖板涂成红色，标明"防火墙"字样，并应编号

七、道路交通标志及设置规范

道路交通标志是用以管制及引导交通的一种安全管理设施。用文字和符号传递引导、限制、警告或指示信息的道路设施。

限制高度标志表示禁止装载高度超过标志所示数值的车辆通行。

限制速度标志表示该标志至前方解除限制速度标志的路段内，机动车行驶速度（单位为km/h）不准超过标志所示数值。

变电站道路交通标志名称、图形标志示例及设置规范见表5-6。

表5-6　　　变电站道路交通标志名称、图形标志示例及设置规范

序号	名称	图形标志示例	设置范围和地点
1	限制高度标志	3.5m	变电站入口处、不同电压等级设备区入口处等最大允许高度受限制的地方
2	限制速度标志	5	变电站入口处、变电站主干道及转角处等需要限制车辆速度的路段起点

第二节　设　备　标　志

设备标志是指用以标明设备名称、编号等特定信息的标志，由文字和（或）图形构成。设备标志由设备名称和设备编号组成。设备标志应定义清晰，具有唯一性。功能、用途完全相同的设备，其设备名称应统一。

一般规定：

（1）设备标志牌应配置在设备本体或附件醒目位置。

（2）两台及以上集中排列安装的电气盘应在每台盘上分别配置各自的设备标志牌。两台及以上集中排列安装的前后开门电气盘前、后均应配置设备标志牌，且同一盘柜前、后设备标志牌一致。

（3）GIS 设备的隔离开关和接地开关标志牌根据现场实际情况装设，母线的标志牌按照实际相序位置排列，安装于母线筒端部；隔室标志安装于靠近本隔室取气阀门旁醒目位置，各隔室之间通气隔板周围涂红色，非通气隔板周围涂绿色，宽度根据现场实际确定。

（4）电缆两端应悬挂标明电缆编号名称、起点、终点、型号的标志牌，电力电缆还应标注电压等级、长度。

（5）各设备间及其他功能室入口处醒目位置均应配置房间标志牌，标明其功能及编号，室内醒目位置应设置逃生路线图、定置图（表）。

（6）电气设备标志文字内容应与调度机构下达的编号相符，其他电气设备的标志内容可参照调度编号及设计名称。一次设备为分相设备时应逐相标注，直流设备应逐极标注。

设备标志名称、图形标志示例及设置规范见表 5-7。

表 5-7　　　　　　　设备标志名称、图形标志示例及设置规范

序号	名称	图形标志示例	设置范围和地点
1	变压器（电抗器）标志牌	1号主变压器 1号主变压器 A相	（1）安装固定于变压器（电抗器）器身中部，面向主巡视检查路线，并标明名称、编号； （2）单相变压器每相均应安装标志牌，并标明名称、编号及相别； （3）线路电抗器每相应安装标志牌，并标明线路电压等级、名称及相别
2	主变压器（线路）穿墙套管标志牌	1号主变压器 10kV穿墙套管 A B C 1号主变压器 110kV穿墙套管 B	（1）安装于主变压器（线路）穿墙套管内、外墙处； （2）标明主变压器（线路）编号、电压等级、名称，分相布置的还应标明相别
3	滤波器组、电容器组标志牌	3601ACF 交流滤波器	（1）在滤波器组（包括交、直流滤波器，PLC 噪声滤波器、RI 噪声滤波器）、电容器组的围栏门上分别装设，安装于离地面1.5m 处，面向主巡视检查路线； （2）标明设备名称、编号

续表

序号	名称	图形标志示例	设置范围和地点
4	阀厅内直流设备标志牌	020FQ 换流阀 A相 02DCCT 电流互感器	（1）在阀厅顶部巡视走道遮栏上固定，正对设备，面向走道，安装于离地面1.5m处； （2）标明设备名称、编号
5	滤波器、电容器组围栏内设备标志牌	C1 电容器 R1 电阻器 L1 电抗器	（1）安装固定于设备本体上醒目处，本体上无位置安装时考虑落地固定，面向围栏正门； （2）标明设备名称、编号
6	断路器标志牌	500kV ××线 5031 断路器 500kV ××线 5031 断路器 A相	（1）安装固定于断路器操动机构箱上方醒目处； （2）分相布置的断路器标志牌安装在每相操动机构箱上方醒目处，并标明相别； （3）标明设备电压等级、名称、编号
7	隔离开关标志牌	500kV ××线 50314 隔离开关 500kV × × 线 50314	（1）手动操作型隔离开关安装于隔离开关操动机构上方100mm处； （2）电动操作型隔离开关安装于操动机构箱门上醒目处； （3）标志牌应面向操作人员； （4）标明设备电压等级、名称、编号
8	电流互感器、电压互感器、避雷器、耦合电容器等标志牌	500kV ××线 电流互感器 A相 220kV Ⅱ段母线 1号避雷器 A相	（1）安装在单支架上的设备，标志牌还应标明相别，安装于离地面1.5m处，面向主巡视检查路线； （2）三相共支架设备，安装于支架横梁醒目处，面向主巡视检查线路； （3）落地安装加独立遮栏的设备（如避雷器、电抗器、电容器、站用变压器、专用变压器等），标志牌安装在设备围栏中部，面向主巡视线路； （4）标明设备电压等级、名称、编号及相别

序号	名称	图形标志示例	设置范围和地点
9	换流站特殊辅助设备标志牌	LTT 换流阀 空气冷却器 1号屋顶式 组合空调机组	（1）安装在设备本体上醒目处，面向主巡视线路； （2）标明设备名称、编号
10	控制箱、端子箱标志牌	500kV ××线 5031 断路器端子箱	（1）安装在设备本体上醒目处，面向主巡视线路； （2）标明设备名称、编号
11	接地刀闸标志牌	500kV ××线 503147 接地刀闸 A相 500kV × × 线 503147	（1）安装于接地刀闸操作机构上方100mm 处； （2）标志牌应面向操作人员； （3）标明设备电压等级、名称、编号、相别
12	控制、保护、直流、通信等盘柜标志牌	220kV ××线光纤纵差保护屏	（1）安装于盘柜前后顶部门楣处； （2）标明设备电压等级、名称、编号
13	室外线路出线间隔标志牌	220kV ××线 Ⓐ Ⓑ Ⓒ	（1）安装于线路出线间隔龙门架下方或相对应围墙墙壁上； （2）标明电压等级、名称、编号、相别
14	敞开式母线标志牌	220kV Ⅰ段母线 Ⓐ Ⓑ Ⓒ 220kV Ⅰ段母线 Ⓐ	（1）室外敞开式布置母线，母线标志牌安装于母线两端头正下方支架上，背向母线； （2）室内敞开式布置母线，母线标志牌安装于母线端部对应墙壁上； （3）标明电压等级、名称、编号、相序
15	封闭式母线标志牌	220kV Ⅰ母线 Ⓐ Ⓑ Ⓒ 10kV Ⅱ段母线 Ⓐ Ⓑ Ⓒ	（1）GIS 设备封闭母线，母线标志牌按照实际相序排列位置，安装于母线筒端部； （2）高压开关柜母线标志牌安装于开关柜端部对应母线位置的柜壁上； （3）标明电压等级、名称、编号、相序

续表

序号	名称	图形标志示例	设置范围和地点
16	室内出线穿墙套管标志牌	10kV ××线 Ⓐ Ⓑ Ⓒ	（1）安装于出线穿墙套管内、外墙处； （2）标明出线线路电压等级、名称、编号、相序
17	熔断器、交（直）流开关标志牌	回路名称： 型　号： 熔断电流：	（1）悬挂在二次屏中的熔断器、交（直）流开关处； （2）标明回路名称、型号、额定电流
18	避雷针标志牌	1号避雷针	（1）安装于避雷针距地面1.5m处； （2）标明设备名称、编号
19	明敷接地体	100mm	全部设备的接地装置（外露部分）应涂宽度相等的黄绿相间条纹。间距以100～150mm为宜
20	地线接地端（临时接地线）	接地端	固定于设备压接型地线的接地端
21	低压电源箱标志牌	220kV 设备区 电源箱	（1）安装于各类低压电源箱上的醒目位置； （2）标明设备名称及用途

第三节　安全警示线和安全防护设施

一、安全警示线

一般规定：

（1）安全警示线用于界定和分割危险区域，向人们传递某种注意或警告的信息，以避免人身伤害。安全警示线包括禁止阻塞线、减速提示线、安全警戒线、防止踏空线、防止碰头线、防止绊跤线和生产通道边缘警戒线等。

（2）安全警示线一般采用黄色或与对比色（黑色）同时使用。

安全警示线名称、图形标志示例及设置规范见表5-8。

序号	名称	图形标志示例	设置范围和地点
1	禁止阻塞线		（1）标注在地下设施入口盖板上； （2）标注在主控制室、继电器室门内外；消防器材存放处；防火重点部位进出通道； （3）标注在通道旁边的配电柜前（800mm）； （4）标注在其他禁止阻塞的物体前
2	减速提示线		标注在变电站站内道路的弯道、交叉路口和变电站进站入口等限速区域的入口处
3	安全警戒线	设备屏 设备屏 设备区 设备屏	（1）设置在控制屏（台）、保护屏、配电屏和高压开关柜等设备周围； （2）安全警戒线至屏面的距离宜为300～800mm，可根据实际情况进行调整
4	防止碰头线		标注在人行通道高度小于 1.8m 的障碍物上
5	防止绊跤线		（1）标注在人行横道地面上高差300mm 以上的管线或其他障碍物上； （2）采用 45°间隔斜线（黄/黑）排列进行标注
6	防止踏空线		（1）标注在上下楼梯第一级台阶上； （2）标注在人行通道高差300mm 以上的边缘处
7	生产通道边缘警戒线	设备区 生产通道 设备区	（1）标注在生产通道两侧； （2）为保证夜间可见性，宜采用道路反光漆或强力荧光油漆进行涂刷

表 5-8　　　　　　　　安全警示线名称、图形标志示例及设置规范

序号	名称	图形标志示例	设置范围和地点
8	设备区巡视路线		标注在变电站室内外设备区道路或电缆沟盖板上

二、安全防护设施

安全防护设施是指防止外因引发的人身伤害、设备损坏而配置的防护装置和用具。

一般规定：

（1）安全防护设施用于防止外因引发的人身伤害，包括安全帽、安全工器具柜、安全工器具试验合格证标志牌、固定防护遮栏、区域隔离遮栏、临时遮栏（围栏）、红布幔、孔洞盖板、爬梯遮栏门、防小动物挡板、防误闭锁解锁钥匙箱等设施和用具。

（2）工作人员进入生产现场，应根据作业环境中所存在的危险因素，穿戴或使用必要的防护用品。

安全防护设施名称、图形标志示例及配置规范见表5-9。

表 5-9　　　　安全防护设施名称、图形标志示例及配置规范

序号	名称	图形标志示例	设置范围和地点
1	安全帽	 安全帽背面	（1）安全帽用于作业人员头部防护。任何人进入生产现场（办公室、主控制室、值班室和检修班组室除外），应正确佩戴安全帽； （2）安全帽应符合 GB 2811《安全帽》的规定； （3）安全帽前面有国家电网公司标志，后面为单位名称及编号，并按编号定置存放； （4）安全帽实行分色管理。红色安全帽为管理人员使用，黄色安全帽为运维人员使用，蓝色安全帽为检修（施工、试验等）人员使用，白色安全帽为外来参观人员使用

序号	名称	图形标志示例	设置范围和地点
2	安全工器具柜（室）		（1）变电站应配备足量的专用安全工器具柜； （2）安全工器具柜应满足国家、行业标准及产品说明书关于保管和存放的要求； （3）安全工器具室（柜）宜具有温度、湿度监控功能，满足温度为−15～35℃、相对湿度为80%以下，保持干燥通风的基本要求
3	安全工器具试验合格证标志牌	安全工器具试验合格证 名称_____ 编号_____ 试验日期_____年___月___日 下次试验日期_____年___月___日	（1）安全工器具试验合格证标志牌贴在经试验合格的安全工器具醒目处； （2）安全工器具试验合格证标志牌可采用粘贴力强的不干胶制作，规格为 60mm×40mm
4	接地线标志牌及接地线存放地点标志牌	01 号接地线 编号：01 电压：220kV ××变电站	（1）接地线标志牌固定在接地线接地端线夹上； （2）接地线标志牌应采用不锈钢板或其他金属材料制成，厚度 1.0mm； （3）接地线标志牌尺寸为 $D=30～50mm$，$D_1=2.0～3.0mm$； （4）接地线存放地点标志牌应固定在接地线存放醒目位置
5	固定防护遮栏		（1）固定防护遮栏适用于落地安装的高压设备周围及生产现场平台、人行通道、升降口、大小坑洞、楼梯等有坠落危险的场所； （2）用于设备周围的遮栏高度不低于1700mm，设置供工作人员出入的门并上锁；防坠落遮栏高度不低于 1050mm，并装设不低于 100mm 的护板； （3）固定遮栏上应悬挂安全标志，位置根据实际情况而定； （4）固定遮栏及防护栏杆、斜梯应符合规定，其强度和间隙满足防护要求； （5）检修期间需将栏杆拆除时，应装设临时遮栏，并在检修工作结束后将栏杆立即恢复

序号	名称	图形标志示例	设置范围和地点
6	区域隔离遮栏		（1）区域隔离遮栏适用于设备区与生活区的隔离、设备区间的隔离、改（扩）建施工现场与运行区域的隔离，也可装设在人员活动密集场所周围； （2）区域隔离遮栏应采用不锈钢或塑钢等材料制作，高度不低于 1050mm，其强度和间隙满足防护要求
7	临时遮栏（围栏）		（1）临时遮栏（围栏）适用于下列场所： 1）有可能高处落物的场所； 2）检修、试验工作现场与运行设备的隔离； 3）检修、试验工作现场规范工作人员活动范围； 4）检修现场安全通道； 5）检修现场临时起吊场地； 6）防止其他人员靠近的高压试验场所； 7）安全通道或沿平台等边缘部位，因检修拆除常设栏杆的场所； 8）事故现场保护； 9）需临时打开的平台、地沟、孔洞盖板周围等。 （2）临时遮栏（围栏）应采用满足安全、防护要求的材料制作。有绝缘要求的临时遮栏应采用干燥木材、橡胶或其他坚韧绝缘材料制成； （3）临时遮栏（围栏）高度为 1050～1200mm，防坠落遮栏应在下部装设不低于 180mm 高的挡脚板； （4）临时遮栏（围栏）强度和间隙应满足防护要求，装设应牢固可靠； （5）临时遮栏（围栏）应悬挂安全标志，位置根据实际情况而定

序号	名称	图形标志示例	设置范围和地点
8	红布幔	运行设备　运行设备	（1）红布幔适用于变电站二次系统上进行工作时，将检修设备与运行设备前后以明显的标志隔开； （2）红布幔尺寸一般为 2400mm×800mm、1200mm×800mm、650mm×120mm，也可根据现场实际情况制作； （3）红布幔上印有运行设备字样，白色黑体字，布幔上下或左右两端设有绝缘隔离的磁铁或挂钩
9	孔洞盖板	覆盖式 镶嵌式	（1）适用于生产现场需打开的孔洞； （2）孔洞盖板均应为防滑板，且应覆以与地面齐平的坚固的有限位的盖板。盖板边缘应大于孔洞边缘100mm，限位块与孔洞边缘距离不得大于25～30mm，网络板孔眼不应大于 50mm×50mm； （3）在检修工作中如需将盖板取下，应设临时围栏。临时打开的孔洞，施工结束后应立即恢复原状；夜间不能恢复的，应加装警示红灯； （4）孔洞盖板可制成与现场孔洞互相配合的矩形、正方形、圆形等形状，选用镶嵌式、覆盖式，并在其表面涂刷 45°黄黑相间的等宽条纹，宽度宜为 50～100mm； （5）盖板拉手可做成活动式，便于钩起
10	爬梯遮栏门	禁止攀登 高压危险 编号	（1）应在禁止攀登的设备、构架爬梯上安装爬梯遮栏门，并予编号； （2）爬梯遮栏门为整体不锈钢或铝合金板门。其高度应大于工作人员的跨步长度，宜设置为800mm 左右，宽度应与爬梯保持一致； （3）在爬梯遮栏门正门应装设"禁止攀登高压危险"的标志牌
11	防小动物挡板		（1）在各配电装置室、电缆室、通信室、蓄电池室、主控制室和继电器室等出入口处，应装设防小动物挡板，以防止小动物短路故障引发的电气事故； （2）防小动物挡板宜采用不锈钢、铝合金等不易生锈、变形的材料制作，高度应不低于 400mm，其上部应设有 45°黑黄相间色斜条防止绊跤线标志，标志线宽宜为 50～100mm

续表

序号	名称	图形标志示例	设置范围和地点
12	防误闭锁解锁钥匙箱		（1）防误闭锁解锁钥匙箱是将解锁钥匙存放其中并加封，根据规定执行手续后使用； （2）防误闭锁解锁钥匙箱为木质或其他材料制作，前面部为玻璃面，在紧急情况下可将玻璃破碎，取出解锁钥匙使用； （3）防误闭锁解锁钥匙箱存放在变电站主控制室
13	防毒面具和正压式消防空气呼吸器	 **过滤式防毒面具** **正压式消防空气呼吸器**	（1）变电站应按规定配备防毒面具和正压式消防空气呼吸器； （2）过滤式防毒面具是在有氧环境中使用的呼吸器； （3）过滤式防毒面具应符合 GB 2890《呼吸防护 自吸过滤式防毒面具》的规定，使用时，空气中氧气浓度不低于 18%，温度为−30～45℃，且不能用于槽、罐等密闭容器环境； （4）过滤式防毒面具的过滤剂有一定的使用时间，一般为 30～100min，过滤剂失去过滤作用（面具内有特殊气味）时，应及时更换； （5）过滤式防毒面具应存放在干燥、通风，无酸、碱、溶剂等物质的库房内，严禁重压。防毒面具的滤毒罐（盒）的储存期为 5 年（3 年），过期产品应经检验合格后方可使用； （6）正压式消防空气呼吸器是用于无氧环境中的呼吸器； （7）正压式消防空气呼吸器应符合 GA 124《正压式消防空气呼吸器》的规定； （8）正压式消防空气呼吸器在贮存时应装入包装箱内，避免长时间曝晒，不能与油、酸、碱或其他有害物质共同储存，严禁重压

第六章　典型违章举例与事故案例分析

第一节　典型违章举例

一、行为性违章

（1）进入作业现场未按规定正确佩戴安全帽。

（2）从事高处作业未按规定正确使用安全带等高处防坠用品或装置。

（3）穿雨鞋登高作业。

（4）开工前，工作负责人未向全体工作班成员宣读工作票，不明确工作范围和带电部位，安全措施不交待或交待不清，盲目开工。

（5）还未许可工作，即擅自进入设备区或攀登线路杆塔。

（6）作业现场未按要求设置围栏。作业人员擅自穿、跨越安全围栏或超越安全警戒线。

（7）作业人员擅自扩大工作范围、工作内容或擅自改变已设置的安全措施。

（8）在梯子上作业，无人扶梯子或梯子架设在不稳定的支持物上，或梯子无防滑措施。

（9）基坑深度超过 1.5m 爆破作业时，上下基坑未使用梯子。

（10）高处作业人员随手上下抛掷器具、材料。

（11）用高架车作业时，人在作业斗里作业时未使用安全带，或作业斗门未扣紧或保险装置（定位轮）未锁紧。

（12）工具或材料浮搁在高处，高处作业人员未使用工具袋。

（13）重要跨越（如跨越电力线、铁路、公路）附件安装、平衡挂线时，未采取双道保险。

（14）不使用或未正确使用劳动保护用品，如使用砂轮、车床不戴护目镜，使用钻床等旋转机具时戴手套等。

（15）不按规定使用合格的安全工器具、使用未经检验合格或超过检测周期的安全工器具进行作业。

（16）施工人员站在受力内角侧。

（17）施工人员站在脚手架钢管、探头板上进行高处作业。

（18）施工现场安全监护人员擅自离岗。

（19）吊车起吊前未鸣笛示警或起重工作无专人指挥。

（20）在起吊或牵引过程中，受力钢丝绳周围、上下方、内角侧和起吊物下面有人逗留和通过。

（21）吊机司机离开驾驶室不锁门。

（22）操作中增人强拉葫芦超负荷使用。操作人员站在葫芦正下方。

（23）在带电设备附近进行吊装作业，安全距离不够且未采取有效措施。

（24）在带电设备周围使用钢卷尺、皮卷尺和线尺（夹有金属丝者）进行测量工作。

（25）施工现场周边由于施工造成的坑洞未设置安全防护栏和警示牌。

（26）施工现场未做到当日工完、料尽、场地清，如建筑垃圾、生活垃圾未及时清理。

（27）未按《安规》要求设接地线。如用缠绕的方法装设接地线或用不符合规定的导线进行短路接地。

（28）擅自拆除孔洞盖板、栏杆、隔离层或因工作需要拆除附属设施时不设明显标志并及时恢复。

（29）基础砼捣固人员未配备绝缘手套和绝缘胶鞋。

（30）对坑洞、临边未做好防护措施。

（31）铁塔组立时钢丝绳与铁塔绑扎处未采用软物衬垫。

（32）内拉线抱杆吊装中未布置腰滑车，违反立塔工艺。

（33）组立杆塔、撤杆、撤线或紧线前未按规定采取防倒杆塔措施或采取突然剪断导线、地线、拉线等方法撤杆撤线。

（34）现场浪风控制绳未打地锚，直接缠绕在运行的塔身上。

（35）转向滑车的布置和锚固不规范，临时拉线地锚固定于树根或利用其他不安全的物体等。

（36）导引绳进机动绞磨磨盘。

（37）材料 U 形环代替工具 U 形环使用。

（38）施工场地位于公路边，但没有按照要求设置交通警示标志。

（39）施工队在运输材料过程中客货混装。

（40）高压试验工作时，试验操作人未使用橡皮绝缘垫，试验电源未用双极闸刀断开，将加压试验装置插头直接插入电源盘控制电源。

（41）特种作业人员不持证上岗或非特种作业人员进行特种作业。

（42）易燃、易爆物品或各种气瓶不按规定运输、存放、使用。

（43）在易燃物品及重要设备上方进行焊接 2 件，下方无监护人，未采取防火等安全措施。

（44）在禁火区域擅自进行动火作业。

（45）安全考试由别人代考。

二、装置性违章

（1）牵引场、张力场的地锚设置混乱，随意性较大，锚桩数量达不到安全规程要求，牵引机入口接地滑车未常态挂设。

（2）现场临时栏杆、孔洞盖板不符合《安规》要求。

（3）脚手架搭设不规范。脚手板未满铺，脚手架未按要求与结构设置拉结。

（4）施工用电的电线裸露，未架空，施工配电箱随意摆放且未接地。

（5）起重工器具和梯子未进行定期审验。

（6）绞磨机的磨盘已经严重磨损。

（7）混凝土搅拌机未搭设防护棚，水泥搅拌机皮带传动裸露，无防护罩。

（8）现场灭火器已失效。

（9）发电机无围栏保护、警示牌。

（10）变电站施工现场与运行设备未采取隔离措施。

（11）施工配电箱回路未装设漏电保护器或无安全检查记录。配电箱无门、无锁、无防雨措施。

（12）梯子没有加装防滑装置，人字梯无防张开的拉绳。

（13）电焊机无护罩、接地线。

（14）起重机吊钩、手拉葫芦吊钩、滑车防止意外脱钩的保险装置失灵。

（15）起重机械，如绞磨、汽车吊、卷扬机等没有制动和逆止装置，或制动装置失灵。

（16）安全工具，绝缘工具未经试验或超周期使用。

（17）卡线器有裂纹、弯曲或钳口斜纹磨平。

（18）液压千斤顶的安全栓损坏、螺旋千斤顶的螺纹或齿条磨损。

（19）链条葫芦的吊钩、链轮或倒卡变形，以及链条磨损。刹车片沾染油脂。

（20）圆木抱杆木质腐朽、损伤严重或弯曲过大。金属抱杆整体弯曲或局部弯曲严重、磕瘪变形、表面严重腐蚀、裂纹或脱焊。抱杆脱帽环表面有裂纹或螺纹变形。

（21）起重设备无荷载标志。

（22）施工机械皮带转动部位、圆盘锯未设防护罩。

（23）夜间施工时照明不足。

三、管理性违章

（1）现场使用挖掘机未办理相关手续。

（2）外来施工队工作，变电站直接签发工作票，未经过转签。

（3）立塔作业票未填写，现场填写后未履行安全措施交底，签发人名字代签。

（4）新（扩）建工程管理不规范，界线不明确，存在空白地带。

（5）项目经理、项目负责人、安全管理人员未经公司安全培训。

（6）施工单位未向施工人员危险告知因素。

（7）现场安全勘察和预控措施落实不到位。

（8）监理人员对施工中的重大危险因素未进行旁站监理。

（9）安全教育流于形式，部分新进场施工人员未进行安全教育及安全考试。

（10）现场招用的临时工未进行安全教育便进入现场作业。

（11）高处作业人员没有经过体检。

（12）特种作业人员向监理申报名单与实际作业人员不符合。

（13）施工单位未按规定编制专项施工方案或方案无交底记录。

（14）应急预案无针对性或未交底未演练。

（15）建设单位与施工单位未签订安全协议和安全责任不明确。

（16）施工单位班组安全活动无作业人员签字。

（17）施工单位未按规定建立管理制度和台账。

（18）施工单位未按规定使用安全措施补助费及文明施工费。

（19）施工单位未对施工项目进行危险因素辨识，未采取控制措施。

（20）机械操作规程未上墙，安全标牌不齐全。

（21）材料、器具堆放场地未设标牌。

（22）对排查出的安全隐患未制定整改计划或未落实整改治理措施。

（23）对承包方未进行安全资质审查或违规进行工程分包。

（24）不按规定组织安全检查，安全检查未进行闭环管理。

第二节 事故案例分析

【案例一】××电力建设公司变电站扩改工程中 10kV 柜 TA 做伏安特性试验改接线时，工作人员低压触电死亡。

1. 事故经过

6 月 25 日，××电力建设公司变电工程队继电班工作人员彭×（工作负责人）、邱×（工作班成员）对 110kV××变电站新建 10kV 高压室内新安装的 1 号接地变压器中开关柜内的 TA 进行伏安特性试验工作。11 时 30 分左右，做完 A 相 TA 的试验后，彭×操作调压器退至零位，电压、电流表指示为零，然后靠近屏后门，左手抓住屏体，右手准备取接线线夹改接线时说："我肚子有点痛，想上厕所"，邱×说："那你去吧，我来接"，邱×正准备站起来接替他，彭×说："接完这两根线"，这时，邱×一眼看见彭×没有将试验电源控制开关拉开，于是说："等一下，闸刀没拉"，并准备去拉断路器，话音未完，就听见彭×叫了一声"哎哟，快拉……"，邱×将断路器拉开后，彭×抓住屏体的手松开，身体往后倒下，撞翻了试验台桌。当时在屏前工作的××开关厂的工作人员听到屏后有人跌倒的声音立刻来到屏后，其中一名男同志看了情况后迅速喊来了其他工作地点的人员对彭×进行救护。由于 10kV 高压室都是新安装的屏柜，没有高压电和外来电源，赶来救护的人员误以为彭×是中暑跌倒，快速将彭×抬出放到平敞的地面躺着，一边抢救，一边迅速联系 120 救护车，120 救护中心答复另有抢救任务，不能即时赶来。11 时 36 分左右彭×被抬上工程车，紧急送往省××医院，途中送护人员接现场工作人员电话，告之彭×有可能是触电时，立刻对彭×实施触电急救直到医院，11 时 50 分左右到达医院，医师继续尽全力实施抢救，终因抢救无效，12 时 26 分，医师宣布彭×死亡。

2. 违章分析

（1）现场作业人员违反《继电保护和电网安全自动装置现场工作保安规定》规定，没有断开试验电源开关就盲目操作改变试验接线。

（2）作业人员未对试验接线进行检查核对，导致相线接在调压器输入、输出的公共端上。

（3）试验用的自耦调压器接线板上未标明原理接线图及相线和中性端子的符号，而且接线端子裸露。

（4）工作中使用的移动电源板未安装触电保安器，10kV 高压室内的电源箱也未安装触电保安器。

（5）现场作业人员穿的是短袖汗衫，没有穿工作服。

（6）现场救护的人员对彭×的症状判断不准，现场采取的紧急救护方法不当。

（7）工作人员对试验电源触电的危险性认识不足，自保意识不强，相互监护不够。

3. 防范措施

（1）立即对该施工现场的安全措施进行全面检查和整改。

（2）开展以突出保人身安全为重点的安全思想教育安全整顿活动。

（3）制定《继电保护、二次回路等低压用电保安措施》，并尽快在移动式电源板上加装触电保安器。同时研究并推广使用新型防漏电和防接错线的试验电源箱。

（4）试验仪器设备严格按规范管理。

（5）开展全员的触电急救培训。

【案例二】××超高压管理处××换流站"12·13"事故。

1. 事故经过

（1）事故前系统运行工况：

××换流站 500kV 交流场三×Ⅱ线和×兴线处于检修状态，×复线、三×Ⅰ、三×Ⅲ线、斗×Ⅰ、三×Ⅱ线处于运行状态。

××省网通过×复线从华×主网受电约 620MW，××省网用电负荷为 7030MW。

（2）事故前现场工作基本情况：

12 月 8～16 日三×Ⅱ线计划停电检修，××超高压管理处安排了××换流站三×Ⅱ线进线串设备检修，包括线路保护、5152 和 5153 断路器保护检验等工作。

××超高压管理处安排检修部控制保护分部张×出任工作负责人，外包检修单位××电力有限公司人员李××、李××、张××为工作班成员，负责完成保护检验工作。12 月 9 日工作负责人办理了 5152 和 5153 断路器保护检验第二种工作票后开始保护校验，12 月 12 日 17 时完成校验工作并终结工作票。

12 月 13 日 9 时，工作班办理第一种工作票，做 5152 和 5153 断路器保护传动试验。12 月 13 日 13 时 30 分左右开始做 5153 断路器保护传动试验，14

时 18 分完成 5153 断路器保护传动试验工作。

（3）事故发生经过：

工作现场完成上述试验后，开始做 5152 断路器失灵保护传动试验。

试验开始前，××超高压管理处安排检修部控制保护分部张××，在保护盘柜后监护××电力有限公司保护试验人员李××、李×连接试验线，××电力有限公司保护试验人员张××在盘柜前做准备工作。××超高压管理处检修部控制保护分部张××在盘柜后确认试验接线位置正确后，在返回到盘柜前的过程中，5152 断路器失灵保护已动作，5151 断路器三相跳开，造成×复线跳闸。因××省网连接主网的另一回 500kV××线正在检修，导致××省网与华×主网解列，××省网频率最低至 49Hz，低周减载装置基Ⅰ轮动作，切除负荷 315MW，频率恢复到 49.85Hz；华×主网频率高至 50.17Hz。14 时 48 分，×复线×陵侧合环，省网与主网恢复并列，15 时 30 分，切除负荷全部恢复，损失电量约 1600Wh。

事故后检查保护柜盘面，发现 3LP13 压板（5152 断路器失灵保护启动 5151 永跳第二线圈压板）在投入位置。按试验要求应该是 3LP11 压板（5152 断路器失灵保护启动 5153 断路器永跳第二线圈压板）投入，压板投入错误是造成 5151 断路器三相跳闸的直接原因。

经调查认为：现场工作人员在做 5152 断路器失灵保护传动试验时，错误地将 5152 断路器保护屏柜上的失灵保护跳 5151 断路器压板当成跳 5153 断路器压板投入并进行了注流试验，是造成×复线跳闸的直接原因。按照有关文件规定，认定“12·13”事故属人员责任的继电保护“三误”事故。

2. 违章分析

这次事故的主要原因是作业人员违反一系列规章制度，致使各道安全关口失去作用，最终酿成误操作事故。

（1）××超高压管理处有关检修和运维人员安全意识淡薄，责任心不强，规章制度执行不严，习惯性违章严重，现场监督不到位。

（2）防止误操作事故措施落实不到位，安全技术措施和组织措施未有效实施，工作负责人与作业人员间职责划分界面不清，未有效履行职责。

（3）危险点分析与控制流于形式，对重大危险点缺乏足够的认识，对现场的监督和部署不周密。

（4）人员调配和整体工作安排不到位，致使过程失去监督、控制。

3. 防范措施

（1）深刻吸取事故教训，高度重视安全生产工作，强化现场安全管理，强化危险点分析和控制，强化现场标准化作用，切实落实反事故安全技术措施和组织措施。

（2）加强"两措"管理，全面清查换流站现场的安全防护措施，对存在的安全隐患进行专项集中整治，确保安全防护措施齐全完备。

（3）强化"两票"管理，对已执行的工作票和操作票进行全面检查，对存在的漏洞进行严肃整改，进一步完善和落实各项安全措施。

（4）对换流站外包工程制定统一的管理标准，签订安全协议，明确安全职责；在检修人员进场前，进行现场安全教育；开工前，进行现场安全交底；检修过程中，组织专人进行现场安全巡视，防范人员的不安全行为。

【案例三】220kV××变电站全停事故

1. 事故经过

事故前运行方式及接线：220kV××变电站 220kV 系统为双母线双分段、双母联带旁路接线，4 回电源线，4 回终端端，220kV 系统正常情况下合环运行；3 台主变正常方式运行；110kV 系统为双母线、单分段带旁路接线，7 回出线，正常情况下分列运行；35kV 系统为双母线单分段接线，12 回出线。

10 月 27 日，220kV××变电站××1162 回路进行断路器小修预试、电流互感器调换及线路隔离开关大修工作，由××送变电工程公司承接施工，工作票工作负责人为超高压公司检修西部的检修人员，经现场工作许可后于 9 时 20 分开始工作。工作负责人在交待完安全措施后，吩咐作业人员做起吊电流互感器的钢丝绳准备工作，××送变电工程公司施工人员刘××在监护人还在下层布置工作时，擅自扩大准备工作范围，误从上层走廊将钢丝绳施放至临近运行中的××1161 线路间隔，先后触及 1161 C 相断路器线路侧和母线侧有电部位，分别造成 1161 线路（电缆线路无重合闸）和 110kV 副母故障，110kV 母差保护动作后发生直流分屏上中央信号直流小开关跳闸，导致 220kV 母线电压互感器隔离开关切换直流电源失却，距离保护失压动作出口，致使××4101、4102，××4127、4128 四回电源线先后跳闸，造成 220kV××变电站全停。

经处理，10 时 15 分，220kV 母线进行清排。10 时 21 分，4 回 220kV 电源线路送电成功，母线恢复运行。10 时 59 分至 11 时 24 分，3 台 220kV 主变恢复运行，220、35kV 出线恢复运行。11 时 33 分，110kV 出线恢复运行。其他各受影响变电站均从 10 时 40 分左右开始逐步恢复送电，至 11 时 33 分全部恢复送电。

本次事故扩大的直接原因是直流分屏上中央信号电压切换直流小开关跳开所致。该小开关跳开导致从其上引接直流电源的220kV母线电压互感器隔离开关切换直流电源消失，从而引发220kV电压小母线失电，由于CSL-101A保护启动元件动作在第一次故障后均尚未返回，导致保护动作。直流分屏上直流小开关跳开的原因经检查分析认为其下属回路在本次故障过程中有短路等原因导致电流过大，造成小开关跳闸。

2. 违章分析

（1）××送变电工程公司刘××等作业人员误将钢丝绳投入相邻有电的××1161线路间隔，引发本次事故。

（2）220kV馈线直流分屏上中央信号电压切换直流小开关跳闸，导致220kV距离保护失压，引发4回220kV电源线路跳闸，引起本次事故扩大。

（3）现场工作负责人现场监护不力，使作业人员刘××在失缺监护的情况下进行准备工作。

（4）作业人员刘××安全意识淡薄，擅自扩大准备工作范围。

（5）220kV馈线直流分屏上中央信号光字牌端子设备老化，以致回路绝缘击穿，使小开关跳闸。

3. 防范措施

（1）加强对"三种人"，特别是工作负责人（监护人）的安全培训、教育和考试。进一步提高"三种人"的技术能力和安全能力，提升"三种人"的责任意识和安全意识。

（2）进一步加强现场工作安全管理，加强检查力度，切实提高工作现场的安全控制力度。

（3）淘汰目前的110kV设备起吊方式，优化施工方案，完善修复已经损坏的网门，选择合理的工器具，如短把杆、短架脚手架等。

（4）从220kV馈线直流分屏中，专设一路电源供电压切换直流小开关使用。

（5）立即调换220kV馈线直流分屏上中央信号电压切换直流小开关设备。对相同类型设备进行普查，安排计划进行调换。

【案例四】××供电公司"8·19"人身伤亡事故

8月19日8时30分，××供电公司所属的集体企业——××实业总公司变电工程分公司在××供电公司220kV××变电站改造工程消缺工作中，更换10kVⅠ段母线电压互感器时，发生触电事故，2人当场死亡、1人严重烧伤，经医院抢救无效伤者于8月27日13时死亡，构成较大人身伤亡事故。

1. 事故经过

（1）事故前运行方式：

××220kV 变电站 1、2 号主变压器并列运行；220kV 系统，220kV Ⅰ、Ⅱ母并列运行；110kV 系统，110kV Ⅰ、Ⅱ母并列运行，旁母冷备用；10kV 系统，10kV Ⅰ、Ⅱ段母线并列运行。

（2）事故发生经过：

8 月 18 日 20 时，220kV××变电站收到××实业总公司变电工程分公司检修班的一份变电第一种电子工作票，工作内容为"10kV Ⅰ段电压互感器更换"。

8 月 19 日 7 时 23 分，变电站值班员根据地调指令完成操作，将 10kV Ⅰ段母线电压互感器由运行转检修。

变电站运维人员按照工作票所填要求，拉出 10kV Ⅰ段母线设备间隔 9511 小车至检修位置，断开电压互感器二次空开，在Ⅰ段母线电压互感器柜悬挂"在此工作！"标示牌，在左右相邻柜门前后各挂红布幔和"止步，高压危险！"警示牌，现场没有实施接地措施。由于电压互感器位置在 9511 柜后，必须由检修人员卸下柜后档板才能进行验电，变电站运维人员（工作许可人）何××与工作负责人徐××等人一同到现场只对 10kV Ⅰ段电压互感器进行了验电，验明电压互感器确无电压之后，7 时 50 分，工作许可人何××许可了工作。工作负责人徐××带领工作班成员何××、袁××、汪××、石××4 人，进入 10kV 高压室Ⅰ段电压互感器间隔进行工作。工作分工是何××、石××在工作负责人徐××的监护下完成电压互感器更换工作，袁××、汪××在 10kV 高压室外整理设备包装箱。

8 时 30 分，10kV 高压室一声巨响，浓烟喷出，控制室消防系统报警，1 号主变压器低压后备保护动作，分段 931 断路器跳闸，10kV 侧 901 断路器跳闸。值班人员马上前往 10kV 高压室查看情况，高压室Ⅰ段电压互感器柜处现场有明火并伴有巨大浓烟，何××浑身着火跑出高压室，在高压室外整理包装箱的袁××、汪××帮助其灭火，变电站值班长邓××立即指挥本值员工灭火，但由于室内温度太高、浓烟太大无法进入高压室进行灭火。

8 时 35 分，变电站人员拨打 120、119 求救。

8 时 40 分左右，现场施工人员和运维人员再次冲入高压室内进行灭火和救人，发现徐××和石××在 10kV Ⅰ段母线电压互感器柜内被电击死亡。

8 时 50 分左右，120 救护车到达现场，把烧伤的何××送往医院抢救，诊断烧伤面积接近 100%，深度三级，于 8 月 27 日 13 时医治无效死亡。

2. 违章分析

（1）设备生产厂家未与需方沟通擅自更改设计，提供的设备实际一次接线与技术协议和设计图纸不一致。

根据设计要求，10kV 母线电压互感器和避雷器均装设在 10kV 母线设备间隔中，上述设备的一次接线应接在母线设备间隔小车之后。生产厂家××科技股份有限公司在实际接线中，仅将 10kV 母线电压互感器接在母线设备间隔小车之后，将 10kV 避雷器直接连接在 10kV 母线上。在实际接线变更后，生产厂家未将变更情况告之设计、施工、运行单位，导致拉开 10kV 母线电压互感器 9511 小车后，10kV 避雷器仍然带电。由于电压互感器与避雷器共同安装在 10kV Ⅰ 段母线设备柜内，检修人员在工作过程中，触碰到带电的避雷器上部接线桩头，造成人员触电伤亡。

（2）技术管理不到位，设计、施工、监理单位存在的问题未能及时发现和整改。运行管理不严格，验收把关不严，未能及时发现 10kV 母线电压互感器柜内一次接线与设计不符的错误。

（3）现场工作负责人徐××作为开关设备安装工作负责人，直接参加了设备的交接验收和安装，对电压互感器柜内避雷器接线应清楚，但安全意识淡薄，现场作业过程中危险点分析和控制弱化；现场勘察不仔细，未发现同处一室的避雷器带电，对现场未采取明显的接地措施视而不见；作为现场工作的组织和监护者，其直接参与工作班工作，冒险组织作业，工作失职。工作班成员石××、何××，作为直接作业人，未发现同处一室的避雷器带电，相互关心和自我保护意识不强，监督《安规》和现场安全措施的实施不到位。

（4）工作票签发人彭××安全责任心差，工作履责不到位，对现场勘察不够仔细，未发现主接线图与现场实际不相符，导致所签发的工作票中，对同处一室的避雷器未停电，接地措施不到位。

（5）220kV××变电站管理不严，安全生产执行缺位，变电站运维人员责任心不强，设备巡视检查不认真，维护工作不到位，未能及时发现厂家高压开关柜上接线图与变电站电气一次主接线图不符的问题。工作许可人何××对设备停电后的验电工作不到位，验电范围不全面，未能验明电压互感器柜内的避雷器带电，且未补充实施接地安全措施。

3. 防范措施

（1）该实业公司下发通知要求立即暂停对进入运行中的 10～35kV 母线设备柜内的试验、检修、消缺等一切柜内工作，组织对运行和基建、改造工程中的 10～35kV 母线设备柜进行专项检查。

（2）全面开展电网设备"图实相符"专项排查治理活动，以实现电网输变配电设备一、二次接线图与现场实际"六相符"。

（3）该实业公司组织设计、运维、检试等技术人员进行讨论，确定避雷器直接连接于母线结构形式母线设备柜的整改方案，要求制造厂尽快提出改造方案和做好备料准备，年底前完成避雷器直接连接于母线结构形式母线设备柜的整改工作。

（4）严格设备验收和工程竣工验收把关程序，将"严禁采用避雷器直接连接于母线结构形式"写入 10～35kV 母线设备柜的招标采购标书和技术协议中，将 10～35kV 高压母线设备柜的一次接线列为工程验收的重点内容，做好试验报告内容核查工作。

（5）该实业公司近期就如何做好封闭式高压开关柜现场安全措施开展一次有针对性的培训，特别要加强对有关作业人员尤其是工作票"三种人"的安全规程、制度、技术等培训，并确保实效，明确各自安全职责，提高安全防护的能力和水平。由该实业公司组织考试，根据考试成绩重新确定和下发"三种人"名单。

第七章　安全技术劳动保护措施和反事故措施

第一节　安全技术劳动保护措施

安全技术劳动保护措施是指以改善劳动条件、防止发生员工伤亡事故、预防职业病为主要内容的安全技术措施和职业健康措施。

编制和实施安全技术劳动保护措施目的是改善生产现场作业环境、劳动条件，防止职业病，消除生产过程中存在的各种不安全因素，保证员工安全和健康，实现安全生产的目标。

安全技术劳动保护措施计划应根据国家、行业、企业颁发的标准，从改善作业环境和劳动条件、防止伤亡事故、预防职业病、加强安全监督管理等方面进行编制。

一、防止人身触电事故

（1）发电厂、变电站电气设备进行部分停电检修或新设备安装时，工作许可人应根据工作票的要求在工作地点或带电设备四周设置遮栏（围栏），将停电设备与带电设备隔开。围栏上每侧应至少悬挂一个面向工作人员的"止步，高压危险！"等标示牌。防止检修、试验、施工人员走错工作地点，误入带电间隔，误登带电设备，发生人身触电。

（2）无论高压设备是否带电，工作人员不得单独移开或越过遮栏（围栏）进行工作；若有必要移开遮栏（围栏）时，应有监护人在场，并满足设备不停电时的安全距离。

（3）运行中的高压设备其中性点接地系统的中性点应视作带电体，不得触摸。雷雨天气，需要巡视室外高压设备时，应穿绝缘靴，并不得靠近避雷器和避雷针。

（4）在室内高压设备上工作，应在工作地点两旁和对面运行设备间隔的遮栏（围栏）上和禁止通行的过道遮栏（围栏）上悬挂"止步，高压危险！"的标示牌。

（5）在办理工作许可手续之前，任何车辆及工作班成员都不得进入遮栏内或触及设备。

（6）在办理工作票许可手续后，工作负责人（监护人）宜在设备区外向工作班组成员宣讲工作票内容，使每个工作班组成员都知道工作任务、工作地点、工作时间、停电范围、邻近带电部位、现场安全措施等注意事项（必要时可以绘图讲解），并进行危险点告知，履行确认手续后方可开始工作。迟到人员开始工作前，工作负责人应向其详细交待以上各项内容。

（7）工作中，工作负责人必须始终在现场认真履行监护职责。当工作地点分散或工作环境比较危险时，工作负责人应增设专责监护人和确定被监护人员，及时制止违章作业行为。

（8）在电气设备上进行检修时，工作班组成员在攀登设备构架前，首先应认真核对设备名称、编号、位置，检查现场安全措施无误后方可开始。因故离开工作现场再返回工作地点时，必须重新核对设备名称、编号、位置，确认无误后方准继续工作，防止误入带电间隔。

（9）当工作现场布置的安全措施妨碍检修（试验）工作时，工作班成员必须向工作负责人说明情况，由工作负责人征得工作许可人同意后，方可变动安全设施，变动情况应及时记录在值班日志内。

（10）工作班组成员在完成工作票所列的工作任务并撤离工作现场后，如果又发现问题需要处理时，必须向工作负责人汇报，禁止擅自处理。若尚未办理工作终结手续，则由工作负责人向工作许可人说明情况后，在工作负责人带领下进行处理。如已办理工作终结手续，则必须重新办理工作许可手续后方可进行。

（11）因平行或邻近带电设备导致检修设备可能产生感应电压时，工作人员应加装接地线或使用个人保安接地线。

（12）装、拆接地线顺序要正确，并均应使用绝缘棒。人体不得碰触接地线或未接地的导线，以防止感应电触电。检修人员带地线拆设备接头时，必须采取防止地线脱落的可靠措施，防止地线脱落感应电伤人。

（13）在变、配电站（开关站）的带电区域内或临近带电线路处，禁止使用金属梯子。搬动梯子、管子等长物时应放倒，由两人搬运并与带电部分保持足够的安全距离。

（14）严禁在戴电设备周围使用钢卷尺、皮卷尺和线尺（夹有金属丝者）进行测量工作，防止工作人员触电。

（15）单人操作时不得进行登高或登杆操作。

（16）严禁变电运维人员不认真执行操作监护制误入带电间隔；严禁变电检修（试验）人员不执行工作票制度擅自扩大工作范围，防止误入带电间隔（误登带电构架）。

（17）在处理多条同路敷设的电缆故障时，在锯电缆以前，应与电缆走向图图纸核对相符，并使用专用仪器（如感应法）确切证实电缆无电后，用接地的带绝缘柄的铁钎钉入电缆芯后，方可工作。扶绝缘柄的人应戴绝缘手套并站在绝缘垫上，并采取防灼伤措施。

（18）防止低压触电，要求电气设备进行安全接地；在容易触电的场合使用安全电压；必须使用低压剩余电流动作保护装置。

（19）现场使用的电源线应按规定规范连接，绝缘导线不能破损，电源刀闸盖要齐全。检修（试验）电源板应安装漏电保护器，并按要求定期检查试验，确认保护动作正确。

（20）严禁用导线直接插入插座取得电源，插座与插头应配套、完好无损。

（21）生产现场各种用电设备和电动工具、机械，特别是检修现场临时使用的砂轮机、电钻、电风扇等，其电机或金属外壳、金属底座必须可靠接地或接零。

（22）在金属容器内进行焊接工作时，使用的行灯电压不准超过 12V。行灯变压器的外壳应可靠接地，不准使用自耦变压器。

（23）电焊机应可靠接地，高、低压侧接线柱必须设护罩，以防工作中误触碰。不停电更换焊条，必须戴焊工手套进行。

（24）在潮湿等恶劣环境下进行电焊工作，必须站在干燥的木板上或穿橡胶绝缘鞋。

（25）在高压线附近进行勘测、施工作业时，使用的测量、钻探和施工工具、设备应与高压线保持足够的安全距离。在高压线下测量时，不应使用金属标尺。必须做好监护，防止因测量、钻探工具与高压线安全距离不足发生电击伤人事故。

（26）非电气人员或外单位人员进入生产现场必须经过安全教育培训和安全技术交底，并按规定办理进站施工手续和工作票。工作前，工作负责人应向工作班全体人员清楚交待现场安全措施、带电部位和其他安全注意事项。工作中，设备管理部门应指派专人进行监护。专责监护人因故暂时离开作业现场时，应通知工作负责人暂停工作，工作人员必须撤离现场，不能以赶进度为理由擅自继续工作。

二、防止高处坠落事故

（1）经医生诊断，患有高血压、心脏病、贫血病、痫病、糖尿病以及患有其他不宜从事高处作业和登高架设作业病症的人员，不允许参加高处作业。

（2）发现现场工作人员有饮酒、精神不振、精力不集中等症状时，禁止登高作业。

（3）高处作业应使用安全带（绳），安全带（绳）使用前应进行检查，并定期进行试验。高处作业人员应衣着灵便，宜穿软底鞋。

（4）能在地面进行的工作，不在高处作业；高处作业能在地面上预先做好的工作，必须在地面上进行，尽量减少高处作业和缩短高处作业时间。

（5）安全带（绳）应挂在牢固的构件上或专为挂安全带用的钢丝绳上，安全带不得低挂高用，禁止系挂在移动或不牢固的物件上。

（6）凡坠落高度在 2m 以上的工作平台、人行通道（部位）应在坠落面侧设置固定式防护栏杆。

（7）在没有脚手架或者在没有栏杆的脚手架上工作，或坠落相对高度超过 1.5m 时，必须使用安全带，或采取其他可靠的安全防护措施。

（8）在未做好安全措施的情况下，不准登在不坚固的结构上（如彩钢板屋顶）进行工作。

（9）楼梯、钢梯、平台均应采取防滑措施。直钢梯高度超过 3m 时，应装设护笼，以防上、下梯子时坠落。

（10）使用绝缘斗臂车作业，必须先检查绝缘臂为合格状态，在绝缘斗中的作业人员应正确使用安全带和绝缘工具。不得用汽车吊（斗臂车）悬挂吊篮上人作业。不得用斗臂起吊重物。在斗臂上工作应使用安全带。

三、防止机械伤害事故

（1）机械设备安全防护距离、防护罩、防护屏和设备本体安全对人身安全极其重要，应符合 GB 5083《生产设备安全卫生设计总则》、GB 12265.3《机械安全避免人体各部位挤压的最小间距》、GB/T 8196《机械安全 防护装置 固定式和活动式防护装置设计与制造一般要求》有关标准的规定。

（2）转动机械和传动装置的外露部分应装设可靠的防护罩、盖或栏杆方可使用。严禁戴手套或手上缠抹布，在裸露的球轮、齿轮、链条、钢绳、皮带、轴头等转动部分进行清扫或其他的工作。工作人员应特别小心，不使衣服及擦拭材料被机器挂住，扣紧袖口，发辫应放在帽内。

（3）在操作转动机械设备时，严禁用手扶持加工件或戴手套操作。

（4）机械设备工作时，禁止进行润滑、清洁（清扫）、拆卸、修理等工作。转动和传动机械等设备检修时必须切断电源，并采取防止转动、移动的可靠措施。检修后进行开停试运行前，应将防护设施装设好，方可进行试运行。

（5）搬拆大型机具时要拆开搬运。装车、卸车及转移时，不准人货混装。

（6）机械上的各种安全防护装置及监测、指示、报警、保险、信号装置应完好齐全，有缺损时应及时修复。安全防护装置不完整或已失效的机械不得使用。

（7）严禁在运行中将转动的设备防护罩或遮栏打开，或将手伸进遮栏内。电动机的引出线和电缆头以及外露的转动部分均应装设牢固的遮栏或护罩。

（8）严格执行设备运行规程，防止机械设备超载运行发生事故伤人。

四、防止物体打击事故

（1）任何人进入生产现场（办公室、控制室、值班室和检修班组室除外），应戴合格的安全帽，并要扎紧系好下颚带。企业应制定职工安全帽佩戴场所的具体要求和管理规定。

（2）在高处作业现场，工作人员不得站在作业处的垂直下方，高空落物区不得有无关人员通行或逗留。在行人道口或人口密集区从事高处作业，工作点下方应设围栏或其他保护措施。

（3）在起吊、牵引过程中，受力钢丝绳的周围、上下方、内角侧和起吊物的下面，严禁有人逗留和通过。吊运重物不得从人头顶通过，吊臂下严禁站人。不准用手拉或跨越钢丝绳。

（4）在高处上下层同时作业时，中间应搭设严密牢固的防护隔离设施，以防落物伤人。工作人员必须戴安全帽。

（5）钻床、金属切削机床等加工件的固定夹具应完好，防夹具脱落装置应可靠。加工时，夹具应将工件夹紧，防止工件飞脱伤人。

（6）砂轮机禁止安装在正对着附近设备及操作人员或经常有人过往的地方。砂轮机必须进行定期检查匹配、防护、接地等。砂轮必须装有用钢板制成的防护罩，其强度应保证当砂轮碎裂时挡住碎块。

（7）使用砂轮机磨削工件时，应戴防护眼镜或装设防护玻璃。操作者应站在砂轮的侧面,以免故障时,砂轮飞出或破碎伤人。

(8)生产现场使用的手提式高速砂轮机,应由有经验的工作人员操作。使用前应先检查磨具是否匹配,禁止将低转速的砂轮片用于高速砂轮机上。禁止自制喷出物或容器损坏伤人。

五、防止交通事故

(1)驾驶员应严格执行《中华人民共和国道路交通安全法》及国家电网公司有关规定,每天出车前、后应对车辆进行安全性能方面的全面检查,并做详细记录,杜绝病车上路。不得驾驶安全设施不全或者有安全隐患的机动车,确保行车安全。严禁酒后驾车、私自驾车、无证驾车、疲劳驾驶、超速行驶、超载行驶。严禁领导干部迫使驾驶员违章驾车。

(2)驾驶员长途驾驶时间达 3h,必须休息一次,每次休息时间不应少于20min。

(3)机动车行驶至有人看守路口、交叉路口、装卸作业、人行稠密地段、下坡道、设有警告标志处或转弯、调头时,货运汽车载运易燃、易爆等危险货物时,应当减速或者停车,在确认安全后通过。

(4)机动车行驶至积水路段、无人看守路口或机动车行经人行横道时,应当减速行驶;遇行人正在通过人行横道,应当停车让行。

(5)夜间行驶或者在容易发生危险的路段行驶,以及遇有沙尘、冰雹、雨、雪、雾、结冰等气象条件时,应当降低行驶速度。

(6)雨中行车时,禁止滑行并尽量避免猛打方向盘和紧急制动。应使用刮水器,发现工作不良应停止行驶进行检查排除。大雨或久雨后,应注意道路变化,尽量在路中行驶,会车减速或暂停时不要太靠路边土路,雨雾较大、视线不清,应选择安全地点暂停,开小灯和尾灯,放置警告牌。

(7)下坡行驶时,驾驶员要思想集中,判断准确,认真操作并随时做好停车准备,时刻注意制动器作用是否有效。根据坡度情况选择适当挡位,万一脚制动器失效,应马上越级换入低速挡,利用发动机制动作用和手动制动器控制车速。

(8)按规定超车,超车后在不影响被超车辆行驶的情况下,再驶入正常行驶路线,不准强行超车,不得超车后在高速行驶的情况下猛打方向盘以防车辆失控碰撞他车或路边行人、树木等。

(9)机动车在道路上发生故障,需要停车排除故障时,驾驶人应当立即开启危险报警闪光灯,将机动车移至不妨碍交通的地方停放;难以移动的,应当持续开启危险报警闪光灯，警告标志应当设置在故障车来车方向 150m 以外，车上人员应当迅速转移到右侧路肩上或者应急车道内，并且迅速报警。

（10）严禁驾驶员边开车边打手机或查看短信息。必要时，应选择安全地点靠右暂停，电话联系结束后，再集中精神驾驶。

（11）机动车载人不得超过核定的人数，客运机动车不得违反规定载货。乘车人的头、手不得伸出车厢挡板，车厢挡板上严禁坐人。

（12）驾驶员和乘坐人员在车辆行驶途中应按规定使用安全带。

（13）乘车人员严禁在车上玩耍、吵闹或与司机闲聊，影响司机驾驶，严禁向车外扔杂物。

（14）发电厂、变电站等工作场所或办公区域内道路上应在明显的位置按规定设置限速交通标志、警示标志或安全防护设施。应在职工上下班时间、就餐时间人流密集的出入口和路段，干道与职工人数较多的生产车间、办公楼衔接处标划出人行横道线（斑马线），必要时设置减速提示线，实行强制性减速。

（15）机动车在保证安全的情况下，在没有限速标志的厂站内行驶时，车速不得超过 15km/h。

（16）变电站进行新、扩建施工时，应对运输道路进行硬化处理。车辆进入基建施工现场时，应将时速限制在 15km/h 以内。机动车在进出厂房、仓库大门、停车场、加油站、危险地段、生产现场、倒车时，时速不得超过 5km/h。

（17）变电站和发电厂升压站内通往户外设备区域的通道上，应设置移动式栏杆，上面可标注"未经许可，禁止车辆进入"或"生产重地，高压危险"等警告语。

（18）任何车辆进入高压设备场地内，包括检修车、工程车、大小货车、电试车、起重车以及外来车辆等，均应征得站长、值班长许可，并做好相应安全措施。防止安全距离不够，带电设备对车辆放电。

（19）生产现场内部使用的特殊车辆，如微型工具车、机械运输车、吊车、电瓶车、翻斗车、铲车等机械车辆，应按国家规定进行年检，由国家有关部门核发机动车辆牌照。

（20）厂区内机动车辆驾驶人员属特种作业人员，必须持证上岗。特种作业人员经国家有关部门考核、发证和按规定周期进行年审。驾驶员应按准驾车类驾驶，其他车种不得混开，并在企业范围指定区域内行驶。

（21）翻斗车、铲车、自卸车、吊重汽车等除驾驶室外，一律不准载人（包括操作室）。

六、防止火灾事故

1. 加强防火组织和消防设施管理

（1）为了防止重大火灾事故的发生，应逐项落实 DL 5027《电力设备典型消防规程》等有关规定。

（2）企业应建立防止火灾事故组织机构，必须配备消防专责人员并建立有效的消防组织网络，企业行政正职为消防工作第一责任人。健全消防工作制度，定期对消防工作进行检查。应确保各单位、各车间、各班组、各作业人员了解各自管辖范围内的重点防火要求和灭火方案。

（3）生产现场必须具有完善的消防设施，企业应建立训练有素的群众性消防队伍，力求在起火初期及时发现、及时扑灭，并使当地消防部门了解掌握电业部门火灾事故的特点，以便及时扑救。

（4）企业在有关场所应配备正压式空气呼吸器，并进行使用培训，以防止救护人员在灭火时中毒或窒息。

（5）调度室、变电站主控制室等安装火灾自动报警系统的场所，要确保其系统正常运行，不得擅自停运，要定期检修防止误报。

（6）消防水系统、火灾自动报警自动灭火系统、变压器水喷雾灭火系统及各类消防器材的检测、检修周期不应超过一年，发现故障应立即组织排除。

（7）通信机房、计算机房等安装气体灭火系统的场所，要确保其系统正常运行，不得擅自停运，要定期检修防止误喷。

（8）高层建筑、电厂、变电站应每年进行防雷检测。

（9）易燃易爆物品存放库及大型设备仓库要加强用火用电及禁烟管理，确保消防设施完好，消防通道畅通。

（10）在新、扩建工程设计中，消防水系统应同生活水、工业水系统分离，以确保消防水量、水压不受其他系统影响，消防泵的备用电源应由保安电源供给。消防水系统应定期检查、维护。

2. 电缆防火

（1）电缆防火工作必须贯彻设计、基建施工和生产运行的全过程管理，从各个方面采取综合措施，防止电缆着火、蔓延事故。

（2）新、扩建工程中的电缆选择与敷设应按 GB 50229《火力发电厂与变电站设计防火规范》有关要求进行设计。必须严格按照设计要求完成各项电缆防火设施，并与主体工程同时投产。

（3）严格按照设计图册和有关规程规范施工，做到布线整齐，各类电缆按规定分层布置，电缆的弯曲半径应符合要求，避免任意交叉并留出足够的人行通道。

（4）控制室、开关室、计算机室、通信机房等通往电缆夹层、隧道、穿越楼板、墙壁、柜、盘等处的所有电缆孔洞和盘面之间的缝隙（含电缆穿墙套管与电缆之间缝隙）必须采用合格的防火材料封堵。

（5）扩建工程敷设电缆时，施工单位应加强与运行单位配合工作。对贯穿变电站设备产生的电缆孔洞和损伤的阻火墙，在施工期间应有临时的封堵措施，施工结束后及时恢复永久封堵。

（6）电缆竖井和电缆沟应分段做防火隔离，对敷设在隧道（包括城市电缆隧道）的电缆要采取分段阻燃措施。

（7）应尽量减少电缆中间接头的数量。如需要，应按工艺要求制作安装电缆头，经质量验收合格后，再用耐火防爆槽盒将其封闭。

（8）建立健全电缆维护、检查及防火、报警等各项规章制度。重要的电缆隧道、夹层应安装温度火焰、烟气监视报警器。坚持定期对电缆夹层、电缆沟道的巡视检查，对电缆特别是电缆中间接头、电缆交叉互联系统应定期进行红外测温，按规定进行预防性试验。

（9）电缆夹层、竖井、电缆隧道和电缆沟等部位应保持清洁，不积水，照明采用安全电压且照明充足，禁止堆放杂物。在上述部位进行动火作业应办理动火工作票，并有可靠的防火措施。

（10）加强直流电缆防火工作。直流系统的电缆应采用阻燃电缆；两组蓄电池的电缆应尽可能单独铺设。

第二节　反事故措施

反事故措施是在事故调查分析、设备评估、技术监督、安全性评价以及电网稳定分析等工作的基础上，针对电网生产中存在的安全隐患和问题，以预防人身、电网和设备事故为目的，研究制定的事故防范措施。

编制和实施反事故措施目的是规范和促进国家电网公司反事故施的制定、实施工作，实现全方位、全过程、动态化的事故预防与控制，确保人身、电网和设备安全。

反事故措施计划根据上级颁发的反事故技术措施、需要治理的事故隐患、需要消除的重人缺陷、提高设备可靠性的技术改进措施以及本企业事故防范对策进行编制。

一、防止人身伤亡事故

1. 加强各类作业风险管控

（1）根据工作内容做好各类作业各个环节风险分析，落实风险预控和现场管控措施。

1）对于开关柜类设备的检修、预试或验收，针对其带电点与作业范围绝缘距离短的特点，不管有无物理隔离措施，均应加强风险分析与预控；

2）对于隔离开关的就地操作，应做好支柱绝缘子断裂的风险分析与预控，监护人员应严格监视隔离开关动作情况，操作人员应视情况做好及时撤离的准备；

3）对于高处作业，应做好各个环节风险分析与预控，特别是防静电感应和高空坠落的安全措施。

（2）在作业现场内可能发生人身伤害事故的地点，应采取可靠的防护措施，并宜设立安全警示牌，必要时设专人监护。对交叉作业现场应制订完备的交叉作业安全防护措施。

2. 加强作业人员培训

（1）定期对有关作业人员进行安全规程、制度、技术、风险辨识等培训、考试，使其熟练掌握有关规定、风险因素、安全措施和要求，明确各自安全职责，提高安全防护、风险辨识的能力和水平。

（2）对于实习人员、临时和新参加工作的人员，应强化安全技术培训，并应在证明其具备必要的安全技能和在有工作经验的人员带领下方可作业。禁止指派实习人员、临时和新参加工作的人员单独工作。

（3）应结合生产实际，经常性开展多种形式的安全思想、安全文化教育，开展有针对性的应急演练，提高员工安全风险防范意识，掌握安全防护知识和伤害事故发生时的自救、互救方法。

3. 加强对外包工程人员管理

（1）加强对各项承包工程的安全管理，明确业主、监理、承包商的安全责任，严格资质审查，签订安全协议书，严禁层层转包或违法分包，严禁以包代管、以罚代管，并根据有关规定严格考核。

（2）监督检查分包商在施工现场的专（兼）职安全员配置和履职、作业人员安全教育培训、特种作业人员持证上岗、施工机具的定期检验及现场安全措施落实等情况。

（3）在有危险性的电力生产区域（如有可能引发火灾、爆炸、触电、高空坠落、中毒、窒息、机械伤害、烧烫伤等事故的场所）作业，发包方应事先对承包方相关人员进行全面的安全技术交底，要求承包方制定安全措施，并配合做好相关安全措施。

4. 加强安全工器具和安全设施管理

（1）认真落实安全生产各项组织措施和技术措施，配备充足的、经国家认证认可的质检机构检测合格的安全工器具和防护用品，并按照有关标准、规程要求定期检验，禁止使用不合格的工器具和防护用品，提高作业安全保障水平。

（2）对现场的安全设施，应加强管理、及时完善、定期维护和保养，确保其安全性能和功能满足相关规定、规程和标准要求。

5. 设计阶段应注意的问题

（1）在输变电工程设计中，应认真吸取人身伤亡事故教训，并按照相关规程、规定的要求，及时改进和完善安全设施及设备安全防护措施设计。

（2）施工图设计时，应严格执行工程建设强制性条文内容，编写《输变电工程设计强制性条文执行计划表》，突出说明安全防护措施设计。

6. 加强施工项目安全管理

（1）强化工程分包全过程动态管理。施工企业要制定分包商资质审查、准入制度，要做好核审分包队伍进入现场、安全教育培训、动态考核工作，对施工全过程进行有效控制，确保分包安全处于受控状态。

（2）抓好施工安全管理工作，建立重大及特殊作业技术方案评审制度，施工安全方案的变更调整要履行重新审批程序。施工单位要落实好安全文明施工实施细则、作业指导书等安全技术措施。

（3）严格执行特殊工种、特种作业人员持证上岗制度。项目监理部要严格执行特殊工种、特种作业人员进行入场资格审查制度，审查上岗证件的有效性。施工单位要加强特殊工种、特种作业人员管理，强调工作负责人不得使用非合格专业人员从事特种作业，要建立严格的惩罚制度，严肃特种作业行为规范。

（4）加强施工机械安全管理工作。要重点落实对老旧机械、分包单位机械、外租机械的管理要求，掌握大型施工机械工作状态信息，监理单位要严格现场准入审核。施工企业要落实起重机械安装拆卸的安全管理要求，严格按规范流程开展作业。

7. 加强运行安全管理

（1）严格执行"两票三制"，落实好各级人员安全职责，并按要求规范填写"两票"内容，确保安全措施全面到位。

（2）强化缺陷设备监测、巡视制度，在恶劣天气、设备危急缺陷情况下开展巡检、巡视等高风险工作，应采取措施防止雷击、中毒、机械伤害等事故发生。

二、防止电力电缆损坏事故

1. 防止电缆绝缘击穿事故

（1）设计阶段应注意的问题：

1）应按照全寿命周期管理的要求，根据线路输送容量、系统运行条件、电缆路径、敷设方式等合理选择电缆和附件结构型式。

2）应避免电缆通道邻近热力管线、腐蚀性介质的管道。

3）应加强电力电缆和电缆附件选型、订货、验收及投运的全过程管理。应优先选择具有良好运行业绩和成熟制造经验的制造商。

4）同一受电端的双回或多回电缆线路宜选用不同制造商的电缆附件。110（66）kV 及以上电压等级电缆的 GIS 终端和油浸终端宜选择插拔式。

5）10kV 及以上电力电缆应采用干法化学交联的生产工艺，110kV 及以上电力电缆应采用悬链或立塔式工艺。

6）运行在潮湿或浸水环境中的 110（66）kV 及以上电压等级的电缆应有纵向阻水功能，电缆附件应密封防潮；35kV 及以下电压等级电缆附件的密封防潮性能应能满足长期运行需要。

7）电缆主绝缘、单芯电缆的金属屏蔽层、金属护层应有可靠的过电压保护措施。统包型电缆的金属屏蔽层、金属护层应两端直接接地。

8）合理安排电缆段长度，尽量减少电缆接头的数量，严禁在变电站电缆夹层、桥架和竖井等缆线密集区域布置电力电缆接头。

（2）基建阶段应注意的问题：

1）对 220kV 及以上电压等级电缆、110（66）kV 及以下电压等级重要线路的电缆，应进行监造和工厂验收。

2）应严格进行到货验收，并开展到货检测。

3）在电缆运输过程中，应防止电缆受到碰撞、挤压等导致的机械损伤。电缆敷设过程中应严格控制牵引力、侧压力和弯曲半径。

4）施工期间应做好电缆和电缆附件的防潮、防尘、防外力损伤措施。在现场安装高压电缆附件之前，其组装部件应试装配。安装现场的温度、湿度和清洁度应符合安装工艺要求，严禁在雨、雾、风沙等有严重污染的环境中安装电缆附件。

5）应检测电缆金属护层接地电阻、端子接触电阻，必须满足设计要求和相关技术规范要求。

6）金属护层采取交叉互联方式时，应逐相进行导通测试，确保连接方式正确。金属护层对地绝缘电阻应试验合格，过电压限制元件在安装前应检测合格。

（3）运行阶段应注意的问题：

1）运行部门应加强电缆线路负荷和温度的检（监）测，防止过负荷运行，多条并联的电缆应分别进行测量。巡视过程中应检测电缆附件、接地系统等的关键接点的温度。

2）严禁金属护层不接地运行。应严格按照运行规程巡检接地端子、过电压限制元件，发现问题应及时处理。

3）运行部门应开展电缆线路状态评价，对异常状态和严重状态的电缆线路应及时检修。

2. 防止电缆火灾

（1）设计基建阶段应注意的问题：

1）电缆线路的防火设施必须与主体工程同时设计、同时施工、同时验收，防火设施未验收合格的电缆线路不得投入运行。

2）同一通道内不同电压等级的电缆，应按照电压等级的高低从下向上排列，分层敷设在电缆支架上。

3）采用排管、电缆沟、隧道、桥梁及桥架敷设的阻燃电缆，其成束阻燃性能应不低于 C 级。与电力电缆同通道敷设的低压电缆、非阻燃通信光缆等应穿入阻燃管，或采取其他防火隔离措施。

4）中性点非有效接地系统中，电缆线密集区域的电缆应采取防火隔离措施。

5）非直埋电缆接头的最外层应包覆阻燃材料，充油电缆接头及敷设密集的中压电缆的接头应用耐火防爆槽盒封闭。

6）在电缆通道内敷设电缆需经运行部门许可。施工过程中产生的电缆孔洞应加装防火封堵，受损的防火设施应及时恢复，并由运行部门验收。

7）隧道及竖井中的电缆应采取防火隔离、分段阻燃措施。

（2）运行阶段应注意的问题：

1）电缆密集区域的在役接头应加装防火槽盒或采取其他防火隔离措施。变电站夹层内在役接头应逐步移出，电力电缆切改或故障抢修时，应将接头布置在站外的电缆通道内。

2）运行部门应保持电缆通道、夹层整洁、畅通，消除各类火灾隐患，通道沿线及其内部不得积存易燃、易爆物。

3）电缆通道临近易燃或腐蚀性介质的存储容器、输送管道时，应加强监视，防止其渗漏进入电缆通道，进而损害电缆或导致火灾。

4）在电缆通道、夹层内使用的临时电源应满足绝缘、防火、防潮要求。工作人员撤离时应立即断开电源。

5）在电缆通道、夹层内动火作业应办理动火工作票，采取可靠的防火措施。

6）变电站夹层宜安装温度、烟气监视报警器，重要的电缆隧道应安装温度在线监测装置，并应定期传动、检测，确保动作可靠、信号准确。

7）严格按照运行规程规定对电缆夹层、通道进行巡检，并检测电缆和接头运行温度。

3. 防止外力破坏和设施被盗

（1）设计基建阶段应注意的问题：

1）同一负荷的双路或多路电缆，不宜布置在相邻位置。

2）电缆通道及直埋电缆线路工程应严格按照相关标准和设计要求施工，并同步进行竣工测绘，非开挖工艺的电缆通道应进行三维测绘。应在投运前向运行部门提交竣工资料和图纸。

3）直埋电缆沿线、水底电缆应装设永久标识。

4）电缆终端场站、隧道出入口、重要区域的工井井盖应有安防措施，并宜加装在线监控装置。户外金属电缆支架、电缆固定金具等应使用防盗螺栓。

（2）运行阶段应注意的问题：

1）电缆路径上应设立明显的警示标志，对可能发生外力破坏的区段应加强监视，并采取可靠的防护措施。

2）工井正下方的电缆，宜采取防止坠落物体打击的保护措施。

3）应监视电缆通道结构、周围土层和邻近建筑物等的稳定性，发现异常应及时采取防护措施。

4）敷设于公用通道中的电缆应制定专项管理措施。

5）应及时清理退运的报废缆线，对盗窃易发地区的电缆设施应加强巡视。

4. 防止单芯电缆金属护层绝缘故障

（1）设计基建阶段应注意的问题：

1）电缆通道、夹层及管孔等应满足电缆弯曲半径的要求，110（66）kV及以上电缆的支架应满足电缆蛇形敷设的要求。电缆应严格按照设计要求进行敷设、固定。

2）电缆支架、固定金具、排管的机械强度应符合设计和长期安全运行的要求，且无尖锐棱角。

3）应对完整的金属护层接地系统进行交接试验，包括电缆外护套、同轴电缆、接地电缆、接地箱、互联箱等。交叉互联系统导体对地绝缘强度应不低于电缆外护套的绝缘水平。

（2）运行阶段应注意的问题：

1）应监视重载和重要电缆线路因运行温度变化产生的蠕变，出现异常应及时处理。

2）应严格按照试验规程对电缆金属护层的接地系统开展运行状态检测、试验。

3）应严格按试验规程规定检测金属护层接地电流、接地线连接点温度，发现异常应及时处理。

4）电缆线路发生运行故障后，应检查接地系统是否受损，发现问题应及时修复。

三、防止火灾事故和交通事故

1. 防止火灾事故

（1）加强防火组织管理。

1）各单位应建立健全防止火灾事故组织机构，企业行政正职为消防工作第一责任人，还应配备消防专责人员并建立有效的消防组织网络。

2）健全消防工作制度，建立训练有素的群众性消防队伍，定期进行全员消防安全培训、开展消防演练和火灾疏散演习，定期开展消防安全检查。应确保各单位、各车间、各班组、各作业人员了解各自管辖范围内的重点防火要求和灭火方案。

3）建立火灾隐患排查、治理常态机制，定期开展火灾隐患排查工作，提出整改方案，落实整改措施，保障消防安全。

（2）加强消防设施管理。

1）各单位应具有完善的消防设施，并定期对火灾自动报警系统、主变自动灭火系统、消防水系统进行检测、检修，确保消防设施正常运行。

2）供电生产、施工企业在有关场所应配备必要的正压式空气呼吸器、防毒面具等抢救器材，并应进行使用培训，以防止救护人员在灭火中中毒或窒息。

3）在新、扩建工程设计中，消防水系统应同工业水系统分离，以确保消防水量、水压不受其他系统影响；消防设施的备用电源应由保安电源供给，未设置保安电源的应按Ⅱ类负荷供电。消防水系统应定期检查、维护。

（3）检修现场应有完善的防火措施，在禁火区动火应制定动火作业管理制度，严格执行动火工作票制度。变压器现场检修工作期间应有专人值班，不得出现现场无人情况。

（4）蓄电池室、油罐室、油处理室、大物流仓储等防火、防爆重点场所的照明、通风设备应采用防爆型。

（5）地下变电站、无人值班变电站应安装火灾自动报警或自动灭火设施，无人值班变电站其火灾报警信号应接入有人监视遥测系统，以及时发现火警。

（6）值班人员应经专门培训，并能熟练操作厂站内各种消防设施；应制定具有防止消防设施误动、拒动的措施。

2. 防止交通事故

（1）建立健全交通安全管理机构。

1）建立健全交通安全管理机构（如交通安全委员会），按照"谁主管、谁负责"的原则，对本单位所有车辆驾驶人员进行安全管理和安全教育。交通安全应与安全生产同布置、同考核、同奖惩。

2）建立健全本企业有关车辆交通管理规章制度并严格执行，完善安全管理措施（含场内车辆和驾驶员），做到不失控、不漏管、不留死角，监督、检查、考核到位，严禁客货混装，保障车辆运输安全。

3）建立健全交通安全监督、考核、保障制约机制，严格落实责任制。应实行准驾证制度，无本企业准驾证人员，严禁驾驶本企业车辆，强化副驾驶座位人员的监护职责。

4）建立交通安全预警机制。按恶劣气候、气象、地质灾害等情况及时启动预警机制。

5）各级行政领导，应经常督促检查所属车辆交通安全情况，把车辆交通安全作为重要工作纳入议事日程，并及时总结，解决存在的问题，严肃查处事故责任者。

（2）加强对各种车辆维修管理。各种车辆的技术状况应符合国家规定，安全装置完善可靠。对车辆应定期进行检修维护，在行驶前、行驶中、行驶后对安全装置进行检查，发现危及交通安全问题，应及时处理，严禁带病行驶。

（3）加强对驾驶员的管理和教育。

1）加强对驾驶员的管理，提高驾驶员队伍素质。定期组织驾驶员进行安全技术培训，提高驾驶员的安全行车意识和驾驶技术水平。对考试、考核不合格或经常违章肇事的应不准从事驾驶员工作。

2）严禁酒后驾车、私自驾车、无证驾车、疲劳驾驶、超速行驶、超载行驶。严禁领导干部迫使驾驶员违章驾车。

（4）加强对多种经营企业和外包工程的车辆交通安全管理。多种经营企业和外地施工企业行政正职是本单位车辆交通安全的第一责任者，对主管单位行政正职负责。多种经营企业和外地施工企业的车辆交通安全管理应当纳入主管单位车辆交通安全管理的范畴，接受主管单位车辆交通安全管理部门的监督、指导和考核。

（5）加强大型活动、作业用车和通勤用车管理，制定并落实防止重、特大交通事故的安全措施。

（6）大件运输、大件转场应严格履行有关规程的规定程序，应制定搬运方案和专门的安全技术措施，指定有经验的专人负责，事前应对参加工作的全体人员进行全面的安全技术交底。

第八章　班组管理和作业安全监督

第一节　班组管理安全监督

变电二次设备安装施工班组的安全职责：

（1）贯彻落实"安全第一、预防为主、综合治理"的方针，按照"三级控制"制定本班组年度安全生产目标及保证措施，布置落实安全生产工作，并予以贯彻实施。

（2）负责组织编制重大或复杂作业项目的安全技术措施，执行各项安全工作规程及外包工程和临时用工的相关管理制度，开展作业现场危险点预控工作，执行"二票三制"。执行施工规程和工艺要求，确保施工现场的安全，保证人员与设备的安全。

（3）做好班组管理，做到工作有标准，完善并落实岗位责任制，设备台账齐全，记录完整。制定本班组年度安全培训计划，做好新入职人员、变换岗位人员的安全教育培训和考试。

（4）开展定期安全检查、隐患排查、"安全生产月"和专项安全检查等活动。积极参加上级各类安全分析会议、安全大检查活动。

（5）召开班前会、班后会，做好出工前"三交三查"（即交待工作任务、作业风险和安全措施，检查个人工器具、个人劳动防护用品和人员精神状况）工作，主动汇报安全生产情况。

（6）开展每周一次的安全日活动，结合工作实际开展经常性、多样性、行之有效的安全教育活动。

（7）开展班组现场安全稽查和自查自纠工作，制止人员的违章行为。

（8）定期组织开展安全工器具及劳动保护用品检查，对发现的问题及时处理和上报，确保作业人员工器具及防护用品符合国家、行业或地方标准要求。

（9）执行现场作业标准化，正确使用标准化作业程序卡，参加检修、施工等工作项目的安全技术措施审查及施工方案编制，确保所辖设备检修、大修、业扩等工程的施工安全。

（10）执行电力安全事故（事件）报告制度，及时汇报安全事故（事件），保证汇报内容准确、完整，做好事故现场保护，配合开展事故调查工作。

（11）开展技术革新、合理化建议等活动，参加安全劳动竞赛和技术比武，促进安全生产。

第二节　作业安全监督

一、通用部分

1. 组织机构

（1）施工现场应按规定设立业主、监理、施工三个项目部。

（2）对满足"同时有三个及以上施工企业（不含分包单位）参与施工、建设工地施工人员总数超过 300 人和项目工期超过 12 个月"条件的单项工程（对输变电工程，变电站工程和输电线路工程可视为两个单项工程），负责（或委托建设管理单位）组建项目安全生产委员会。

（3）各项目部应建立以项目负责人为第一责任人的安全管理体系，各级人员应按照其职责规定的安全管理职责和权限开展安全管理工作，对工程安全目标的实现、安全措施的实施负相关责任。

2. 制度建设和安全培训

（1）参建单位应遵守项目法人制定的安全管理办法及安全管理细则，认真贯彻落实工程的各项安全管理制度。建立健全工程的各项安全管理制度（包括安全目标责任制度、安全检查制度、安全例会制度、安全活动日制度、站班会制度、安全培训等制度）。

（2）现场应执行工作票制度，开始施工前进行"三交三查"，施工现场应有作业指导书。

（3）现场应执行三级技术交底制度，技术交底应包括施工图、质量、安全及文明施工交底，交底应有记录，交底人与被交底人员签字齐全。

（4）从事电工、焊接、高处作业等特种作业人员和起重机械等特种设备作业人员应经专门的安全技术培训并考核合格，取得相应的特种作业操作资格证书后，方可上岗作业。

3. 现场安全风险管理

（1）针对工程项目现场具体情况开展安全薄弱环节和危险点分析，制定安全技术措施，经相关人员审批后执行。特殊及危险程度高的作业项目由项目总工编制，施工单位相关职能部门审核，施工企业技术负责人审批、单位总工批准，报监理项目部审查，业主项目部备案，由施工项目部总工交底实施。

（2）施工现场应根据《国家电网公司基建安全管理规定》建立相关应急处置方案，并报建设管理单位审核批准后开展演练，并在必要时实施。施工现场应有基建重大人员伤亡、重大施工机械设备损坏、垮（坍）塌等事故应急处理预案，并进行定期演练。

4. 工器具管理

（1）进场的工器具应经过试验合格，按规定进行维修保养，并设专人管理，建立台账。

（2）施工工器具应该按照《安规》要求进行定期的预防性试验，每次使用前应进行外观检查。

（3）安全防护用具应定期进行试验，使用前进行外观检查，并不得接触高温、明火、化学腐蚀物及尖锐物体，不得移做他用。

（4）绝缘工具应定期进行绝缘试验，其绝缘性能应符合要求，每次使用前应进行外观检查。

（5）危险设备、场所应设置安全围栏和安全警示标志。

5. 临时工管理

（1）临时工上岗前，应经过安全生产知识和安全生产规程的培训，考试合格后，持证或佩戴标志上岗。

（2）临时工从事有危险的工作时，应在有经验的职工带领和监护下进行，并做好安全措施。

（3）临时工进入高压带电场所作业时，开工前监护人应将带电区域和部位、警告标志的含义向临时工交待清楚并要求临时工复述，复述正确方可开工。

（4）临时工从事生产工作所需的安全防护用品的发放应与正式职工相同。

6. 施工用电安全

（1）施工电源应采用三级配电二级保护。

（2）电气工具和用具应由专人保管，按一机一闸一保护的要求进行定期检查。使用时，应按有关规定接入漏电保护装置、接地线。

（3）开工前应编制用电专项方案或在施工组织设计中明确相关管理方案，

用电管理和检修维护应设专人负责，并由专业电工进行，配电箱应上锁，引线规范，接地可靠，并采取防雨措施。

（4）不同电压的插座与插销应选用相应的结构，不应用单相三孔插座代替三相插座。单相插座应标明电压等级。严禁将电线直接钩挂在闸刀上或直接插入插座内使用。

7. 消防安全

（1）建立消防管理制度，按施工总平面布置，确定消防重点部位，消防器材的配备应满足施工现场防火的需要，电气设备附近应配备适用于扑灭电气火灾的消防设备和器材。

（2）现场应对相关人员进行消防专项教育，并进行必要的消防演练。

（3）消防器材应有专人管理，定期检查，确保消防器材完好。

（4）在油库、木工间及其他易燃、易爆物品仓库等场所严禁吸烟，应设"严禁烟火"的明显标志，并采取相应的防火措施。

（5）在林区、牧区等特殊地区施工，应遵守当地防火规定，划定工作范围，清除易燃杂物，并设专人监护。

（6）在防火重点部位或易燃、易爆区周围动用明火，应执行动火工作票制度。

8. 焊接及气瓶管理

（1）气瓶等压力设备应设专用库房存放，存放间设置"禁止烟火"标志，氧气、乙炔气瓶要分开存放，乙炔气瓶应有固定措施。焊接器材应设专人管理，按规定定期进行技术检测，确保完好。

（2）气瓶应按规定定期进行检查，确保完好。

（3）气瓶在使用、运输等工作中，应按照危险品使用和运输相关规定执行。乙炔气瓶严禁卧放使用。

（4）气焊、气割作业应按照相关规程进行，氧气瓶、乙炔气瓶应保持 5m以上的安全距离，气瓶与明火的距离不得小于 10m。装过挥发性油剂及其他易燃物质的容器，未经处理，严禁焊接与切割。

9. 交通运输

（1）车辆管理应执行派车单制度，车辆驾驶人员不得无证驾驶。

（2）对驾驶人员进行行车安全教育，定期检查车辆的各种性能，定期进行车辆保养，出车前应进行仔细检查。

（3）运载超长、超高物件，爆破器材，氧气、乙炔气瓶应遵守《安规》和

《中华人民共和国道路交通安全法》的规定。

（4）进入施工现场的车辆应按照相关规定，进入前进行路线勘察，按限速行驶，停放时设置警示标志。

（5）如遇特殊天气条件，应保持车距，减速慢行，注意观察，采取相关安全措施。

10. 生活安全

（1）食堂从业工作人员应经体检合格，具备健康证明。食品采购、加工、保存应注意卫生，防止腐败变质。

（2）宿舍里严禁私拉乱接电线和使用大功率灯具、电器。

（3）生活用燃气用具摆放应符合有关规定，并设专人管理，定期维护，正确使用煤气、液化气等物品，避免中毒、火灾或容器爆炸。

（4）在高温的夏季和严寒的冬季施工时，应采取防暑降温或防寒防冻措施，配备必要的药品。

（5）做好生活区防火防盗工作。

二、电气二次安装施工安全监督

1. 施工准备

（1）作业前，应编制施工组织设计和作业指导书，施工组织设计中应用单独章节体现安全技术措施内容，履行审批程序。

（2）从事电工、焊接、高处作业等特种作业人员和起重机械等特种设备作业人员应经专门的安全技术培训并考核合格，取得相应的特种作业操作资格证书后，方可上岗作业。

（3）对外单位电气安装及调试人员，工作前应介绍现场情况并进行有关安全技术措施的交底，确认后方可开始工作。

2. 设备安装

（1）设备吊装应设专人指挥。

（2）在调整、检修断路器设备及传动装置时，应有防止断路器意外脱扣伤人的可靠措施，工作人员应避开断路器可动部分的动作空间。

（3）二次设备安装、盘柜就位要防止倾倒伤人和损坏设备，狭窄处应防止挤伤。

（4）电钻、电源线绝缘良好，开关灵活，电源配置漏电保护器，安装后及时清理杂物，关闭电源开关。

（5）蓄电池安装前检查外壳有无裂纹、损伤，蓄电池充放电要设值班人员，做好充放电记录。在充放电阶段，不可使用直流电源，直流屏上应挂警示牌，蓄电池充放电应保持室内通风良好。

3. 电缆敷设

（1）敷设电缆应有专人指挥，统一行动，并有明确的联系信号，不得在无指挥信号时随意拉动。机械敷设电缆时，应遵守有关操作规程，加强巡视，并有可靠的联络信号。

（2）敷设电缆时沟内应无杂物、积水，并保证足够的照明。电缆过孔洞、管道和交通通道时，两侧设置监护人，敷设电缆时，临时打开的沟盖、孔洞须设警示标志或围栏，完工后立即封闭。施工人员进入隧道、夹层及电线沟应戴好安全帽，拐弯处人员应站在电缆拐角外侧。

4. 电气调试、高压试验

（1）作业前应制定电气调试、高压试验专项方案，经审查批准后方可进行工作。

（2）高压试验电源应加装漏电保护器，试验电源应有断路开关、闸刀和指示灯，更改接线时或试验结束时，首先断开试验电源，再进行充分放电，并将升压设备的高压部分短路接地。

（3）被试设备的金属外壳应可靠接地。现场高压试验区域、被试系统的危险部位或端头，均应设临时遮栏，向外悬挂"止步，高压危险！"的标示牌，并派人看守。

（4）直流高压试验前和试验后都应对容性试品可靠放电并短路接地。

（5）设备试验前，高压电极应用接地棒接地，设备做完耐压试验后应接地放电。测绝缘电阻时应防止带电部分与人体接触，试验后被试验设备应充分放电。

（6）试验合闸前应先检查接线，将调压器调至零位，并通知现场人员远离高压试验区域。加压过程中应有人监护并呼唱。

（7）继电保护装置做传动试验或一次通电时，应通知值班人员和有关人员，并由工作负责人或由他派人到现场监视，方可进行，并应有通信联络和就地可紧急操作的措施。

（8）测量二次回路绝缘电阻时被试系统内的其他工作应停止。

（9）试验中被试设备的短路接地线在试验工作结束后应撤除并确认。

5. 环境保护和文明施工

（1）开展安全文明施工标准化工作，有详细的活动记录。

（2）现场按规定设置安全警示标志、操作牌。

（3）施工人员着装整齐，正确使用安全用具。

（4）现场安全文明施工，施工机具、设备、材料定置堆放，做到工完、料尽、场地清，及时封盖预留洞口，盖板必须可靠牢固，并设立警示标志。

三、改扩建工程施工安全监督

1. 作业准备

（1）作业实施前应做好施工图的设计交底和施工作业交底工作，施工作业交底内容应重点包括本次作业的目的、工程涉及的范围、变动的设备及回路、作业危险点、试验项目、其他注意事项等。

（2）施工前应对施工现场进行详细勘察，现场勘察应由项目主管部门组织，设备检修单位、施工单位相关人员参加。

（3）施工单位应根据作业性质和现场勘察结果，编制施工组织措施和施工安全管理及风险控制方案，文明施工策划。

（4）开工前，施工单位应组织所有施工人员进行必要的安全知识教育和考试，并将受教育人员的名单和考试成绩，及时报送发包方项目主管部门和安监部门。

（5）从事电工、焊接、高处作业等特种作业人员和起重机械等特种设备作业人员应经专门的安全技术培训并考核合格，取得相应的特种作业操作资格证书后，方可上岗作业。

（6）施工单位在进场作业前应对所使用的工器具、设备进行检查，严禁不合格的工器具和设备进入施工作业现场。

2. 现场作业基本安全要求

（1）进入运行变电站施工作业，应按规定办理工作票，履行工作许可手续，动火作业需按规定另行办理动火工作票手续。

（2）严格按工作票所列的工作内容和工作范围施工，禁止任意扩大工作范围，若要临时扩大工作范围，应重新办理工作票并履行变更审批手续，严禁随意进入带电设备区。

（3）改、扩建设备与运行设备搭接后，该改、扩建设备按待用间隔设备管理，应与在建的扩建设备可靠隔离，做好防止误动、误碰、误登等的相关措施。若仍需要在该设备上继续工作，则应按运行设备考虑，按照安规的要求履行好相关手续。

（4）起重、高处、邻近带电设备作业，应设专责监护人，加强对现场的安全监护，专责监护人应认真履行监护职责，不得兼做其他工作。对于因平行或邻近带电设备导致施工（检修）的设备可能产生感应电压时，应加装工作接地线或使用个人保安线，加装的接地线应记录在工作票上，个人保安线由施工人员自装自拆。

（5）施工区域与运行设备之间应按《浙江省电力公司变电站安全围栏标准》设置可靠、醒目的安全隔离措施，施工现场应有明显的安全警示标语，在显著位置设立安全警示牌。

（6）在户外变电站和高压室内搬动梯子、管子等长物，应两人放倒搬运，并与带电部分保持足够的安全距离。在变、配电站（开关站）的带电区域内或临近带电线路处，禁止使用金属梯子。

（7）当变电站内施工现场需要各种施工作业车辆进场作业时，应严格按事先指定的行车路线行驶，车辆在站内行车速度一般不得超过15km/h，特殊情况下行车速度不得超过 5km/h，车辆高度不得超过运行通道内的限高要求。载重或起重车辆进入变电站施工作业应有专人指挥，并得到运行人员许可。严禁作业车辆停放在电缆沟盖板上。

（8）吊车、升降车、高处作业车在带电区内工作时，车体应用截面不小于$16mm^2$的多股软铜线良好接地，并有专人监护。

（9）起重作业时，起重机臂架、吊具、辅具、钢丝绳及吊物等与带电体的最小安全距离不得小于《安规》规定的与带电体的最小安全距离，如小于《安规》规定的最小安全距离，大于设备不停电时的安全距离时应制定防止误碰带电设备的安全措施，并经本单位分管生产领导（总工）批准，小于设备不停电时的安全距离时应停电进行。

（10）拆除或安装的电流互感器或电压互感器应为检修状态，必要时加挂工作接地线。设备安装后接地应规范可靠，电流互感器、电压互感器应由两点与主地网连接。

（11）检查电压互感器二次侧空气开关或熔断器确在断开位置。

（12）二次接线时，应先接新安装盘、柜侧的电缆，后接运行盘、柜的电缆。二次作业应按图施工，为防寄生回路，没有使用的连接线应撤除。

（13）旧电缆拆除前应做好核对工作，首先应核对详细现场图纸资料，并根据电缆的走向进行认定两侧走向无误，先断开运行设备侧电缆接线，再断开另一侧电缆接线，两侧对线进行导通确认，无误后方可拆除。

（14）电缆拆除应采用通过专用螺丝刀逐个拆离端子并做好绝缘隔离（如绝

缘胶布包扎等）的方式，不得使用钢丝钳或采用其他方式切断整条电缆，防止由于电缆切断过程中引起的二次回路短路。

（15）拆除带电回路应采取绝缘措施（绝缘鞋、垫、手套、工具等）。

（16）带电系统要设置明显标志，应采用可靠的隔离措施，设置警示标志。在部分停运的二次设备上进行工作时，应特别注意断开跳合闸回路及与运行设备安全有关的连线，并做好妥善、可靠的安全措施。

3. 环境保护和文明施工

（1）开展安全文明施工标准化工作，有详细的活动记录。

（2）现场按规定设置安全警示标志、操作牌。

（3）施工人员着装整齐，正确使用安全用具。

（4）现场安全文明施工，施工机具、设备、材料定置堆放，做到工完、料尽、场地清，及时封盖预留洞口，盖板必须可靠牢固，并设立警示标志。

附录 A　现场标准化作业指导书（卡）范例

编号：Q/HG 112031—2012

××变电站微机型 35/110kV 线路保护装置投产

及全部校验作业指导书

（范本）

编写：_____　　_____年_____月_____日

审核：_____　　_____年_____月_____日

批准：_____　　_____年_____月_____日

作业负责人：_____

作业日期　　年　　月　　日　　时至　　年　　月　　日　　时

××变电站微机型 35/110kV 线路保护装置投产及全部校验作业指导书

开工前，工作负责人检查所有工作人员是否正确使用劳保用品，并由工作负责人带领进入作业现场。在工作现场，工作负责人向所有工作人员详细交待作业任务、安全措施和安全注意事项、设备状态及人员分工，全体工作人员应明确作业范围、进度要求等内容，并签字确认。

1　范围

本指导书适用于××电力建设有限责任公司安装的微机型 35/110kV 线路保护装置投产及全部校验。

2　引用文件

下列标准及技术资料所包含的条文，通过在本作业指导书中的引用，而构成为本作业指导书的条文。本作业指导书出版时，所有版本均为有效。所有标准及技术资料都会被修订，使用本作业指导书的各方应探讨使用下列标准及技术资料最新版本的可能性。

略

3　检修电源的使用

检修电源使用标准及注意事项见表 A.1 所示。

表 A.1　　　　　　　　**检修电源使用标准及注意事项**

√	序号	内容	标准及注意事项	责任人签字
	1	检修电源接取位置	从就近检修电源箱接取；在保护室内工作，保护室内有继保专用试验电源屏，故检修电源必须接至继保专用试验电源屏的相关电源接线端子，且在工作现场电源引入处配置有明显断开点的刀闸和漏电保护器	
	2	接取电源时的注意事项	接取电源前应先验电，用万用表确认电源电压等级和电源类型无误后，先接刀闸处，再接电源侧；在接取电源时由继电保护人员接取	

4　工作内容及方法、工艺标准

工作内容及方法、工艺标准见表 A.2 所示。

表 A.2　　　　　　　　**工作内容及方法、工艺标准**

*	序号	检修内容	检验方法及工艺标准	安全措施及注意事项
	1	根据所填二次工作安全措施票完成安措	根据"二次工作安全措施票"的要求，完成安措并逐项打上已执行的标记，并把各压板断开	做安全技术措施前应先认真检查二次工作安全措施票和实际接线及图纸是否一致

*	序号	检修内容	检验方法及工艺标准	安全措施及注意事项
	2	保护屏检查、清扫及插件外观检查		
	2.1	保护屏检查及清扫	保护屏及装置外壳应清洁无积灰,面板应完好无损,各部件安装牢固	
	2.2	装置插件检查	1)保护装置的硬件配置、标注及接线等应符合图纸要求。 2)保护装置各插件上元器件的外观质量、焊接质量应良好,所有芯片应插紧,型号正确,芯片放置位置正确。 3)检查保护装置的背板接线有无断线、短路和焊接不良等现象。 4)核查逆变电源插件的额定工作电压。 5)电子元件、印刷线路、焊点等导电部分与金属框架间距应大于3mm。 6)保护装置的各部件固定良好,无松动现象,装置外形应端正,无明显损坏及变形现象。 7)各插件应插、拔灵活,各插件和插座之间定位良好,插入深度合适。 8)保护装置的端子排连接应可靠,且标号应清晰正确。 9)切换开关、按钮、键盘等应操作灵活、手感良好。 10)各部件应清洁良好	检查前应关闭直流电源,断开交流电压回路;插拔插件前应先采用人体防静电接地措施
	2.3	接线检查	保护屏及装置外壳应清洁无积灰,面板应完好无损,各部件安装牢固;接线端子应拧紧,且标号应清晰正确,接线应无机械损伤,内部及背板接线应与出厂图纸完全相符	
	2.4	微型断路器检查	检查各微型断路器分合是否灵活,接点接触是否可靠	
	3	压板检查	1)跳闸连接片的开口端应装在上方,接至断路器的跳闸线圈回路。 2)跳闸连接片在落下过程中必须和相邻跳闸连接片有足够的距离,以保证在操作跳闸连接片时不会碰到相邻的跳闸连接片。 3)检查并保证跳闸连接片在拧紧螺栓后能可靠地接通回路,且不会接地。 4)穿过保护屏的跳闸连接片导电杆必须有绝缘套,并距屏孔有明显距离	防止直流回路短路、接地
	4	屏蔽接地检查	1)保护引入、引出电缆必须用屏蔽电缆。 2)屏蔽电缆的屏蔽层必须两端接地。	工作中应防止跑错间隔

*	序号	检修内容	检验方法及工艺标准	安全措施及注意事项
	4	屏蔽接地检查	3）保护屏底部的下面应构造一个专用的接地铜网格，各保护屏的专用接地端子用大于 6mm^2 截面铜线连接到此铜网格上	工作中应防止跑错间隔
	5	绝缘检查	1）试验前准备工作如下： a）保护屏上各连接片置"投入"位置，重合闸方式切换开关置"停用"位置（联跳压板不能投入）； b）断开直流电源、交流电压等回路，并断开保护装置与收发信机及其他装置的有关连线； c）在保护屏端子排内侧分别短接交流电压回路端子、交流电流回路端子、直流电源回路端子、跳闸和合闸回路端子、开关量输入回路端子、远动接口回路端子及信号回路端子。 2）分组回路绝缘电阻检测。采用 1000V 绝缘电阻表分别测量各组回路间及各组回路对地的绝缘电阻，绝缘电阻均应大于 1MΩ。 3）整个二次回路的绝缘电阻检测。在保护屏端子排处将所有电流、电压及直流回路的端子连接在一起，并将电流回路的接地点拆开，用 1000V 绝缘电阻表测量整个回路对地的绝缘电阻，其绝缘电阻应大于 1MΩ。 注：在测量某一组回路对地绝缘电阻时，应将其他各组回路都接地	摇测前必须将插件拔出，断开交、直流电源，拆除回路接地点，并通知有关人员暂时停止在回路上的一切工作。注意：绝缘摇测结束后应立即放电、恢复接线
	6	断路器操作箱小中间继电器校验	1）要求线圈接强电回路中的继电器的动作电压不大于 70% 的额定电压。 2）线圈接于弱电回路的继电器，要求动作值不大于 90% 的额定值，返回电压要求不小于 10% 的额定值。 3）防跳继电器电流动作值应大于 20%，小于 50% 额定电流。 4）出口继电器要求满足：$50\%U_E < U_{DZ} < 70\%U_E$，返回系数不小于 0.6	小中间继电器校验应尽量按回路校验
	7	逆变电源测试		
	7.1	检查电源的自启动性能	合上直流电源插件上的电源开关，试验直流电源由零缓慢调至 80% 额定值，此时该插件上的电源指示灯应亮，然后，断、合一次直流电源开关，电源指示灯应亮	在测试逆变电源过程中严禁直流短路接地
	7.2	检验输出电压值的稳定性	直流电压分别在 100% 额定值下，用万用表测量各级输出电压，要求在 100% 额定电压值时，各级电压应保持稳定，要求值：+5V±0.2V；±15V±2V；+24V±2V	

*	序号	检修内容	检验方法及工艺标准	安全措施及注意事项
	7.3	逆变电源的直流拉合试验	直流电源调至80%额定电压，要求合上开关，在电流、电压回路加上额定的电流电压值，保护装置上应无任何告警信号下进行，直流电源的拉合试验，在拉合过程中合上的开关不跳闸、在保护装置上和监控后台上无保护动作信号	在测试逆变电源过程中严禁直流短路接地
	8	通电初步检查		
	8.1	保护装置的通电自检	保护装置通电后，先进行全面自检。自检通过后，装置运行灯亮。除可能发"TV断线（异常）"信号外，应无其他异常信息。此时，液晶显示屏出现短时的全亮状态，表明液晶显示屏完好	
	8.2	检验打印机和键盘	将打印机与微机保护装置的通信电缆连接好。将打印机的打印纸装上，并合上打印机电源。保护装置在运行状态下，按保护柜（屏）上的"打印"按钮，打印机便自动打印出保护装置的动作报告、定值报告和自检报告，表明打印机与微机保护装置连机成功	
	8.3	时钟的检查	1）保护装置的时钟每24h误差应小于10s。 2）当装置使用GPS对时功能时，应测试装置时间与GPS时间同步功能及时间差。 3）通过通信报文对时，对时精度为10ms左右。 4）通过接收GPS硬件对时脉冲方式进行对时，对时精度为1ms	
	8.4	保护失电功能检查	整定值的失电保护功能可通过断、合逆变电源开关的方法检验，保护装置的整定值在直流电源失电后不会丢失或改变，走时应正确	
	8.5	软件版本的检查	进入保护装置主菜单中的"程序版本"，查对软件版本与设计图纸（或整定书）上要求一致。应核对程序校验码均正确	
	9	开关量输入检查	依次进行开入量的输入和断开，同时监视液晶屏幕上显示的开入量变位情况	
	10	检验各出口回路	1）压板投放投"距离保护压板"投"零序保护压板"置1，投"闭锁重合闸压板"闭锁重合闸功能。 2）模拟各类故障	
	11	电流电压精度检查		
	11.1	检验零点漂移	检验时要求保护装置不输入交流量（即电压回路短接，电流回路开路），上电5min后才可进行该项检查。要求在一段时间（几分钟）内，电流通道零漂值<0.1A（5A额定值TA）或<0.02A（1A额定值TA），电压通道零漂值应<0.1V	

*	序号	检修内容	检验方法及工艺标准	安全措施及注意事项
	11.2	检验电流、电压的幅值特性	1）在保护屏端子排上短接 $I_{a'}$、$I_{b'}$、$I_{c'}$、$3I_0$，在端子上分别接试验设备的 Ia、Ib、Ic、In、Ua、Ub、Uc、Un，用同时加三相电压和三相电流的方法检验三相电压和三相电流的采样数据。进入保护装置交流测试菜单，以便分别检验各保护模件的电流和电压值（即 I_a、I_b、I_c、$3I_0$、U_a、U_b、U_c、$3U_0$）。 2）调整输入交流电压为 60、30、5、1V，电流 $0.1I_n$、I_n、$2I_n$、$5I_n$，要求保护装置的采样显示值与外部表计测量值的误差应小于 5%	
	11.3	模拟量输入的相位特性检验	在额定电压和电流 $0.1I_n$ 时，记录 0°、120°相角测量值，要求误差不大于 3°。在试验过程中，如果交流量的测量误差超过要求范围时，应首先检查额定交流电流是 5A 还是 1A 的控制字选择是否和面板上标识的 TA 电流相符，再检查试验接线、试验方法、外部测量表计等是否正确完好，试验电流有无波形畸变，不可急于更换保护装置中的插件	
	12	线路保护装置校验		
	12.1	保护定值校验	定值校验前准备工作： 1）保护装置先置于运行状态，将三相试验仪的三相电流分别加至装置的 Ia、Ib、Ic、In，三相电压加至装置 Ua、Ub、Uc、Un。 2）将装置背板端子排上的闸三相接点接至装置 Ta、Tb、Tc、Tn 引入空接点上，将装置背板端子排上合闸接点（若有引出线应拆除）接至装置三相合闸空接点引入端子上。 3）为确保故障选相及测距的有效性，试验时请确保试验仪在收到保护跳闸命令 20ms 后再切除故障电流	
	12.1.1	光差保护定值校验	1）装置用尾纤自环，仅投主保护（差动保护）压板。分别模拟 A 相、B 相、C 相单相瞬时性区内区外故障。 2）要求做 105%整定值和 95%整定值两种情况下试验，在 105%整定值时应可靠动作，在 95%整定值时应可靠不动作	
	12.1.2	零序电流保护校验	投入零序保护压板。 1）分别模拟 A 相、B 相、C 相单相接地瞬时故障，模拟故障电压 $U=50V$，模拟故障时间应大于零序相应段保护的动作时间定值，相角为灵敏角，模拟故障电流为：$I=mIn$ 式中：m——系数，其值分别为 0.95、1.05 及 1.2；	

*	序号	检修内容	检验方法及工艺标准	安全措施及注意事项
	12.1.2	零序电流保护校验	In——分别表示零序Ⅰ、Ⅱ、Ⅲ、Ⅳ段定值，n=1，2，3，4。 零序任一段保护应保证1.05倍定值（大于0.2In）时可靠动作；0.95倍定值时可靠不动作。在1.2倍定值时，分别测量各段保护的动作时间。 注：当零序定值在0.2In及0.2In以下时，1.2倍定值下保护可靠动作。 2）试验方法同上：在非全相状态下，分别模拟A相、B相、C相单相接地瞬时故障，模拟故障电压U=50V，模拟故障时间应大于零序不灵敏相应段保护的动作时间定值，相角为灵敏角，模拟故障电流为：$I=mIn$ 式中：m——系数，其值分别为0.95、1.05及1.2； In——零序不灵敏Ⅰ、Ⅱ段电流定值，n=1，2。 零序不灵敏任一段保护应保证1.05倍定值（大于0.2In）时可靠动作；0.95倍定值时可靠不动作。在1.2倍定值时，测量保护动作时间	
	12.1.3	距离保护定值校验	略	
	12.1.4	交流电压回路断线时过流保护检验	1）距离保护投运压板均投入。 2）模拟故障电压量不加（等于零），模拟故障时间应大于交流电压回路断线时过电流延时定值和零序过流延时定值。 3）在交流电压回路断线后，加模拟故障电流，过流保护在故障电流为1.05倍定值时应可靠动作，在0.95倍定值时可靠不动作	
	12.1.5	合闸于故障时零序加速段保护检验	1）在模拟故障的同时，须将TWJ接点返回。 2）模拟手合单相接地故障，故障时间大于零序加速段时间定值。 3）手合或重合于故障线零序电流保护在零序电流为1.05倍零序加速段电流定值时可靠动作，0.95倍定值时可靠不动作	
	12.2	整组动作时间测试	略	
	12.3	与中央信号、远动装置及故障录波器的联动试验	根据微机保护与中央信号、远动装置信息传送数量和方式的具体情况确定试验项目和方法。但要求至少应进行模拟保护装置异常、保护装置报警、保护装置动作跳闸、重合闸动作的试验	
	12.4	开关量输入的整组试验	保护装置进入开入量菜单，校验开关量输入变化情况。	

*	序号	检修内容	检验方法及工艺标准	安全措施及注意事项
	12.4	开关量输入的整组试验	1）闭锁重合闸：分别进行手动分闸和手动合闸操作、重合闸停用闭锁重合闸、母差保护动作闭锁重合闸等闭锁重合闸整组试验。 2）断路器跳闸位置：断路器分别处于合闸状态和分闸状态时，校验断路器分相跳闸位置开关量状态	
	12.5	传动断路器试验	1）试验时应把保护屏的直流工作电源和相关开关直流控制电源接到 80% 直流额定电源下，进行断路器的传动试验。 2）进行传动断路器试验之前，控制室和断路器站均应有专人监视，并应具备良好的通信联络设备，监视中央信号装置的动作及声、光字牌信号指示是否正确。如果发生异常情况时，应立即停止试验，在查明原因并改正后再继续进行。 3）传动断路器试验应在确保检验质量的前提下，尽可能减少断路器的动作次数： a）分别模拟 A、B、C 相瞬时性接地故障； b）模拟 C 相永久性接地故障； c）模拟 AB 相间瞬时性故障	
	12.6	带通道联调试验	略	
	12.7	带负荷试验	略	

注 *栏表示在特殊情况下不执行项打×。

5 竣工

竣工前的工作内容见表 A.3 所示。验收结果记录在表 A.4 中。

表 A.3   **竣工前的工作内容**

√	序号	内容	责任人签字
	1	验收	
	2	全部工作完毕，拆除所有试验接线（应先拆开电源侧）	
	3	恢复安全措施，严格按现场安全技术措施中所做的安全技术措施恢复，恢复后经双方（工作人员及验收人员）核对无误	
	4	全体工作班人员清扫、整理现场，清点工具及回收材料	
	5	工作负责人周密检查施工现场，检查施工现场是否有遗留的工具、材料	
	6	经值班员对现场验收合格，办理工作票终结手续	

表 A.4   验收记录

表自验收记录	记录改进和更换的零部件		责任人签字
	存在问题及处理意见		
验收单位意见	检修班组验收总结评价		
	检修部门验收意见及签字		
	运行单位验收意见及签字		
	公司验收意见及签字		

6 作业指导书执行情况评估

作业指导书执行情况评估记录见表 A.5。

表 A.5   作业指导书执行情况评估

评估内容	符合性	优		可操作项	
		良		不可操作项	
	可操作性	优		修改项	
		良		遗漏项	
存在问题					
改进意见					

附录 B　施工作业现场处置方案范例

【方案一】机械设备事故现场应急处置方案

一、工作场所

××电力公司××供电公司××kV 变电站施工作业现场。

二、事件特征

由于机械故障、人员误操作及其他意外情况而导致人员受到绞、辗、碰、割、戳、切等伤害，造成人员手指绞伤、皮肤裂伤、断肢、骨折，严重的会使身体被卷入轧伤致死，或者部件、工件飞出，打击致伤，甚至会造成死亡。

三、岗位应急职责

1. 施工负责人

（1）指挥现场应急处置工作。

（2）组织作业人员抢救伤员。

（3）向医疗机构求助。

（4）向项目部领导汇报。

2. 施工人员

（1）协助工作负责人开展现场处置。

（2）抢救伤员，保护现场。

（3）做好抢救现场秩序的维护工作。

四、现场应急处置

1. 现场应具备条件

（1）通信、交通工具、照明工具等工器具。

（2）安全、专用工器具等工器具。

（3）安全帽、急救箱及药品等防护用品。

2. 现场应急处置程序

（1）现场抢救伤员。

（2）拨打 120 电话请求援助。

（3）汇报项目部领导。

（4）送医院抢救。

3. 现场应急处置措施

（1）当发现有人受伤后，应立即停止作业、关闭运转机械，并卸除载荷，避免再次受伤可能，同时向上一级负责人报告。

（2）检查是否可脱离致伤机械，不能脱离的应及时拨打 120 或 119 电话求助，并做好送医院前准备；能脱离的则应及时脱离。

（3）立即对伤者进行包扎、止血、止痛、消毒、固定等临时措施，防止伤情恶化。

（4）如有断肢等情况，及时用干净毛巾、手绢、布片包好，放在无裂纹的塑料袋或胶皮袋内，袋口扎紧，在口袋周围放置冰块、雪糕等降温物品，不得在断肢处涂酒精、碘酒及其他消毒液。同时应派人拨打 120 电话向当地急救中心取得联系，详细说明事故地点、严重程度、联系电话，并派人到路口接应。断肢随伤员一起运送。

（5）如受伤人员出现骨折、休克或昏迷状况，应采取临时包扎止血措施，进行人工呼吸或胸外心脏按压，尽量努力抢救伤员。

（6）依据人员受伤程度，确认是否送医院救治。

（7）及时向项目部领导汇报人员受伤抢救情况。

五、注意事项

（1）在伤员救治和转移过程中，防止加重伤情。

（2）在医务人员未接替救治前，不应放弃现场抢救。

六、联系电话

序号	部门	联系人	电话
1	医疗急救		120
2	本单位安监部门		
3	本单位领导		

【方案二】作业人员应对突发低压触电事故现场处置方案

一、工作场所

××省电力公司××供电公司生产作业现场。

二、事件特征

作业人员在 1000V 以下电压等级的设备上工作，发生触电，造成人员伤亡。

三、现场人员应急职责

1. 现场负责人

（1）组织抢救触电人员。

（2）向上级部门汇报触电事故情况。

2. 现场人员

抢救触电人员

四、现场应急处置

1. 现场应具备条件

（1）通信工具及上级、急救部门电话号码。

（2）电工工器具、绝缘鞋、绝缘手套等安全工器具。

（3）急救箱及药品。

2. 现场应急处置程序及措施

（1）现场人员采取拉断路器、断线或使用绝缘工器具移开带电体等措施使触电者脱离电源。

（2）如触电者悬挂高处，现场人员应尽快解救至地面；如暂时不能解救至地面，应考虑相关防坠落措施，并向消防部门求救。

（3）根据触电人员受伤情况，采取人工呼吸、心肺复苏等相应急救措施。

（4）现场人员将触电人员送往医院救治或拨打"120"急救电话求救。

（5）向上级部门汇报人员受伤及抢救情况。

五、注意事项

（1）严禁直接用手、金属及潮湿的物体接触触电人员。

（2）在施救高处触电者时，救护者应采取防止坠落措施。

（3）在医务人员未接替救治前，不应放弃现场抢救。

六、联系电话

序号	部门	联系人	电话
1	医疗急救		120
2	本单位安监部门		
3	本单位领导		

【方案三】作业人员应对突发高空坠落现场处置方案

一、工作场所

××电力公司××供电公司高处作业现场。

二、事件特征

作业人员在高处作业时，从高处坠落至地面、高处平台或悬挂空中，造成人身伤害。

三、现场人员应急职责

1. 现场负责人

（1）组织救助伤员。

（2）汇报事件情况。

2. 现场其他人员

救助伤员。

四、现场应急处置

1. 现场应具备条件

（1）通信工具及上级、急救部门电话号码。

（2）急救箱及药品。

2. 现场应急处置程序及措施

（1）作业人员坠落至高处或悬挂在高空时，现场人员应立即使用绳索或其他工具将坠落者解救至地面进行检查、救治；如果暂时无法将坠落者解救至地面，应采取措施防止脱出坠落。

（2）人体若被重物压住，应立即利用现场工器具使伤员迅速脱离重物，现场施救困难时，应立即向上级部门或拨打 110 电话请求救援。

（3）高空坠落伤害事件发生后，应采取措施将受伤人员转移至安全地带。

（4）对于坠落地面人员，现场人员应根据伤者情况采取止血、固定、心肺复苏等相应急救措施。

（5）送伤员到医院救治或拨打 120 急救电话求救。

（6）向上级部门汇报高空坠落人员受伤及救治等情况。

五、注意事项

（1）对于坠落昏迷者，应采取按压人中、虎口或呼叫等措施使其保持清醒状态。

（2）解救高空伤员过程中要不断与之交流，询问伤情，防止昏迷，并对骨折部位采取固定措施。

六、联系电话

序号	部门	联系人	电话
1	医疗急救		120
2	救援报警		110
3	本单位安监部门		
4	本单位领导		